U0016642

愛妻省力便當

假日 **3** 小時放手煮、平日零負擔，省時瘦身大救星！

貝蒂 做 便當 著

作者序

讓我找回自由度的零負擔省力模式！

做菜是件開心的事，能順應著四季節令聰明擇食，依著自己的喜好調整味道，從無到有的一道道完成各式豐美佳餚，著實令人雀躍。雖然烹調的過程中偶有慌或忙，但是，只要多下幾次廚，累積更多經驗，最後都一定能找到自己最怡然自得的做菜模樣。

帶便當也是件開心的事，用餐時刻一到，有了自己帶的便當，就不用苦惱今天吃什麼、等等去哪裡買，完全免外出、免等餐，很快的就能享用餐點，將省下的時間用來細細品嚐各式菜餚，餐後還有時間可以小憩一會兒，以飽滿的精神接續下半場工作。便利感、安心感及舒適感，正是讓「自己帶便當」得以持續下去的最大動力。

雖然「自己帶便當」的優點不少，但如果你也是忙碌一族，每天在時間壓力下倉促完成便當，其精神壓力將會與日俱增，久而久之身體也會容易覺得疲累，如果不正視這些壓力及疲累，終有一天會對「自己帶便當」感到很麻煩而心生放棄，但「自己帶便當」

可以吃得較健康、便於飲食控制、省去外食麻煩、伙食費較低等諸多優點，就此放棄，實在可惜。

本書是這些年來，我為先生還有自己做便當的各階段轉變，經過優化後的心得及經驗分享；從一開始的每天清晨起床做便當，到現在的利用假日3小時預先完成常備菜的省力做便當，後者做便當的模式（省力便當），為現在的生活帶來很大的自由度及輕鬆度，差異非常有感。

跟著本書裡的常備料理備餐祕訣、多日菜單編列技巧、健康料理食譜等一起執行數回，熟練上手後，你會發現，有了常備料理的強力支援下，每天將多了許多餘裕可從事自己的興趣，例如運動、追劇、陪家人、逛街、閱讀或上進修課程等等，且在沒有時間壓力、心情放鬆狀態下所完成的手作便當，自然更好吃了。

生活變美麗、便當更美味，是不是很令人期待呢？

貝蒂

Contents

能量便當

均衡便當

爽吃便當

人氣定番：常備營養牛腱肉

人氣定番：便利水煮雞絲

人氣定番：百搭香煎雞腿排

放假日
做常備料理的好處

天天下廚做便當或備餐難免覺得疲憊或力不從心，先別急著放棄，試試利用放假日約
2～3小時的時間（或閒暇時間）將便當料理預先完成一部分，週間只需再補幾道現
炒的副菜或家常簡易料理，就能輕易完成多款健康便當。以2～3小時，換來數天
的輕鬆備餐時光，CP值超高，不止省下更多時間，另省下的食材費用、多出來的生
活彈性…等優點都令人嚮往。

▋ 省下更多時間

相較於天天從無到有的洗菜、切菜、醃肉等，一次性的完成將能省下更多備料時間，
例如：一次性的清洗蔬菜、一次性的醃肉再分裝、起一鍋滾水依食材特性前後入鍋汆
燙、一次性的完成兩道料理（例如先煎蛋，原鍋免洗再炒一份料理）、一次性的燉煮
一鍋肉品分袋冷藏（凍）等等，諸多只花一次功夫（水、火力、時間）就能完成多道
料理的省時妙方，為忙碌的生活爭取更多悠閒時間。

▌節約食材，省下更多伙食費

當季盛產食物通常價格較親人，此時可多買一些，烹調後分裝冷藏或冷凍保存，如主食材選用大量的當季便宜食材，可添加不同的多樣食材，變化出多道延伸料理，省錢又省力；採買前養成檢視冰箱剩餘食材的好習慣，依現有食材規劃先煮先吃，避免重覆購買而造成浪費，有效率的控制伙食預算，且在善加利用食材的情況下，還可增加腦力激盪，變化出更多意想不到的美味料理。

▌生活多更多彈性

利用這心無旁騖的短短幾個小時，將工作日的便當常備料理完成一大部分，經過妥善冷藏或冷凍保存，即能換來工作日的輕鬆備餐時間，免於每天因為從無到有的費時備餐，而導致時間被切割得很零散不利運用，且在忙碌或不想下廚的日子，亦可取出常備料理充分加熱後享用，為忙碌的週間省下料理的時間，生活多了更多彈性。

誰適合
放假日做常備料理

當一想到要踏進廚房做便當，心裡就燃起厭煩或疲累感時，就是需要改變做便當方式的時候了，除心理及身體的因素需要顧及，另如果你是以下四種生活型態的人，也很適合著手於放假日多做些常備料理的人。

▋ 飲食控制的健康飲食族

執行飲食控制的人都一定有所同感，即市售健康便當一般都頗為昂貴，除了因為以健康飲食為導向的料理需使用大量的「原型優質食物」，另使用好油、優質澱粉也都是基本必需的，而這些食材或原料，都會反應在健康便當的售價上。因此，自己備餐將可大幅降低伙食費用，且有利於熱量規劃或營養素攝取計劃。

▋ 忙碌的上班族

忙了一天，下班回到家常累到不想進廚房，如果此時冰箱裡有現成的常備菜，就可以立刻加熱享用，輕鬆解決晚餐，還可額外分裝隔日的便當。少了煮飯及清理廚房的時間，可讓身體獲得充份休息及煩躁的情緒得到緩衝。

▋ 平日無人幫忙照顧孩子的家庭主婦（主夫）

白天忙於照顧幼兒，如果還得餐餐下廚可真是蠟燭兩頭燒，利用家人放假的日子，請家人當最強力後援幫忙照顧幼兒，利用空檔可抽身的時間，將一週的常備料理先備起

來，那麼，平日獨自照顧幼兒時，即可省下許多下廚時間，不再分身乏術、也不用在用餐時刻囫圇吞棗了，每天都可以從容的為家人帶便當，也能很快速享用自己的常備料理午餐，真是太棒了。

▌執行省錢計劃的外宿學生或小資族

小資外食族如果想吃得營養均衡、吃得有飽足感，所需的餐費也會較高一些，所累積的伙食費將是一筆不小的預算，如果可以自己備餐，那麼在營養調配上、大小份量上，均可隨自己的喜好添加或調整，還可趁著食材盛產季節，正逢物美價廉時多採買一些，加以變化成多道料理，省錢又健康。

從最基本的
開始吧！

食材份量怎麼抓？怎麼買？調味料怎用？不怕，看完這篇就會有基本概念了，試著多做幾次，每一次所累積的下廚經驗值，都會幫助你越來越上手的，今天起就放手做看看吧，常備料理絕對比想像中的還要簡單。

▌ 關於抓取份量

常抓不準食材的份量嗎？一下煮太多，一下又不夠吃，真是令人困擾。若能先了解各食材料理前的份量，將更便於食材的採買及分配，如此一來就不會有多煮或少煮的窘況了。

以1人份的便當（或方便烹調的份量）為例，所需的食材（較常被使用的食材）大致份量如下（重量均為生重★），2人份的便當則將份量乘上2…依此類推（表格中抓取的份量可依食量或飲食計劃做調整）。

魚肉類 （1人份）	雞蛋 （1人份）	葉菜類 （方便料理的份量約2人份）	根莖類 （1人份）	豆腐 （1人份）	主食
約80g～100g	▲ 1～2顆	一把約200g （重量隨各蔬菜含水量而不一）	約50～80g （依烹調方式微調）	約100g	●生米半杯（量米杯）可煮1碗飯

★生重係指食材未料理前，扣除不能食用部分的重量（例如不能食用的根、皮籽、蒂頭等不列入重量範圍）。

▲整顆蛋的料理建議準備1顆（例如水煮蛋、滷蛋等），如果是蛋的變化料理則建議至少準備2顆雞蛋（例如蔥花蛋、紅蘿蔔蛋等），口感較厚實，蛋液充足較能抓住食材，完成後的份量約2人份。

●半杯量米杯（約80g）可煮一碗飯，但建議每次至少煮3杯（約6碗飯），3杯以上的份量所煮出來的米飯水分較足、口感較好，可將多煮的米飯分裝並密封冷藏保存，於3天內吃完。

▌ 關於採買食材

先檢視家中的庫存食材

一次準備多日的常備料理前，請先檢視家中的庫存食材，留意即將到期或該煮忘了煮、該吃忘了吃的食材，均寫下來或以手機拍照下來，於採買食材前可參照著現有食材，搭配規劃需買進的新食材，免於重覆購買造成浪費。

列出採買清單

出門採買前，先寫下一週的常備料理菜單（庫存食材需列入菜單），將需購買的食材、調味料一一列出，並帶著清單（或手機備忘錄）前往採買，有了採購清單，可有效避免到了市場（超市或上網購）被五花八門的眾多商品轉移目標或注意力，造成漏買、多買或亂買的情況發生；寫下採買清單看似八股，但真的非常實用，請一定要試試看。

超市及傳統市場採買心法

目前採買食材最普遍的就屬上傳統市場或超市了，各有其優缺點，以我的經驗，如果想一次購足量較多的一週常備主菜（肉類、耐放蔬菜類），傳統市場的較低價格比較利於伙食費控制，另日常購買的少量蔬菜、調味料則於超市購買最為方便，但無論是傳統市場或超市，均以方便前往為優先考量。

傳統市場優點

傳統市場的商品選擇多，少了大型場地租金、人事管銷等成本，價格也較超市低廉。於傳統市場可以很明顯的觀察到四季盛產的各項食材，當於多攤攤位均能看到雷同食

材，品項新鮮且價格合理，那麼應該就是當季的了，味豐價甜，可趁機多加購買。另如果跟攤販老闆熟識，也可詢問各食材的料理訣竅，通常攤販老闆都會很熱情的回覆，傳統市場充滿人情味及溫度，進入傳統市場時敞開胸懷，感受市場裡的所有熱絡，將會有很多收穫的。

傳統市場需留意食材的衛生及保鮮。

傳統市場需留意

部分食材較易酸壞的，在傳統市場購買時需特別留意當下的環境及品項，尤其是夏季天氣炎熱，易酸壞的食材經過幾個小時未冷藏的狀態下，除需特別留意色澤、觸感及味道，購買回家時也需立刻冷藏或直接料理，例如：豆製品、生肉、海鮮，建議可攜帶保冰袋（裡面放保冰劑）前往購買，將採買的食品放在保冰袋裡，於路程上保持低溫抑菌，較能安心。

超市的商品陳列整齊、分類清楚，有助節省採買時間。

超市販售的生鮮商品常使用大量的保麗龍、塑膠盒等包裝，較不貼近環保。

超市優點

經過事先篩選、處理、包裝後上架的商品，大部分均有一定的品質，且賣場涼爽的空調及動線，能讓採買心情較輕鬆舒適，所有商品也都分門別類整齊的擺放在各個區域，容易查找及購買，省下許多時間。部分超市會於特定時間推出幾乎對折的生鮮，如有巧遇也可採買回家，於保鮮期內盡速料理（當天吃或冷藏後於期限內吃完）依然可以享有新鮮口感，省錢又美味。

超市需留意

賣場的開店成本均會表現在售價上，因此於超市購買的商品會較傳統市場的昂貴一些，另大量的包裝材料較不貼近環保，請多攜帶可重覆使用的購物袋前往採購，遇有未包裝的蔬果時，即可拿出來使用，減少使用賣場所提供的塑膠袋，以響應環保。

▋ 關於調味料

初入廚房建議購入的基本調味料

如果我的廚房只能留下五樣調味料，我會留下來的是**海鹽、油、黑胡椒、醬油、二砂糖**，有了這五樣調味料，幾乎就可以完成很多美味料理了，如果你是料理新手，就先備這五樣調味料吧，其他的調味料待日後有需要（或有興趣）時再逐一添購。

追求料理多元變化的調味料

雖然五項調味料（**海鹽、油、黑胡椒、醬油、二砂糖**）就足以行遍天下（笑），但當想嚐試更多風味料理時，各式調味料就得一一列入購買清單了，例如：咖哩粉、味醂、紹興酒、果醋、義大利綜合香料、香料鹽、燒肉醬…等等，但對料理者來說，調味料就如鍋子一樣，似乎永遠買不齊，因此，建議可依自己喜歡的口味及調味料品牌來添購，初次使用時不宜買大罐的（大份量），先以小包裝著手，待使用後確定是喜愛的風味時，再回購大罐或大容量的。購入新調味料後，可針對新調味料設計一系列新菜單，除能為料理生活帶來驚奇感，另頻繁的使用新調味料，亦能避免因為開罐太久，內容物受潮或變質。

關於食譜裡的調味料

食譜中同樣是醬油 1 小匙，但各家所煮出來的鹹度、甘醇度都會有所差異，正因為各醬油品牌均有其獨特的風味，而每個人喜愛的口感或慣用的品牌也都不同，依此類推的味醂、咖哩粉、豆瓣醬、醬油膏等調味料也都是如此。

烹調時雖可放心依循食譜中的比例指引，但請於起鍋前務必嚐一下味道，以做整體口味的最後調整，想再鹹一點、淡一點、辣一點或酸一點…均可依自己的喜好做微調。烹調的過程也請多加留意食材的顏色及變化，隨時做火力或水分調整，專心的與鍋子裡的食材展開 1 對 1 的對話，食材一定會提醒你下一步該怎麼做的，但首先得靜下心來，不慌不忙的下廚，才能接收來自食材的各種訊息，多練習幾次，一定可以駕輕就熟的。

■ 關於冰箱的管理術

我認為，省力便當最重要的部分就屬「妥善冷藏（或冷凍）」這個環節了，如何讓剛完成的常備菜料理，在接下來的數日內得到完善的保存、不易腐壞，冰箱管理術請一定要優先閱讀或參考。

冷藏或冷凍最多七～八分滿

以前外食時，家裡的小冰箱常是空空如也，需要放入冰箱的頂多是奶製品、水果及冰塊等零星食物，在不開伙的日子裡，小冰箱很夠用也不用特別管理。

但自從開始自煮帶便當起，原本覺得空

將食材分類裝盒後妥善冷藏，有節省冷藏空間及方便拿取。

間很充足的小冰箱，往往只冰2個便當、幾盒常備菜、1日份食材，冰箱空間就幾乎滿載了，因此，偶爾會發生因為塞太多食物，而造成冰箱內部冷度不足，食物酸敗、冰箱有異味等困境。

直到換了容量大一些的冰箱後，終於可以多買些食材、多做些常備菜了，也維持隨手做好冰箱收納的習慣，將食材、便當、常備菜、調味料等井然有序的排放在適合的位置，更重要的是，隨時保留適當的空間（不塞滿），讓冷空氣無

食材未加以分類（生熟食全混在一起）生食細菌容易污染熟食，且未維持足夠的空間讓冷空氣順暢流動，導致冷度不足容易造成食物腐壞，或產生難聞異味。

阻礙的在冷藏室或冷凍庫裡流動，絕對是食材保鮮的重要之道，還能增加冰箱效能、有效省電。

時常檢視冰箱

是否有買了食材或調味料回家後，才發現新買的食材或調味料，家裡的冰箱裡早有了，這類哭笑不得、浪費錢的採買經驗，我以前經常發生。

因此，在採買食材前，建議先檢視冰箱裡現有的食材，隨筆記下來（或手機拍照），外出採買時，就能避免重覆購買；另規劃菜單時，需將先買進的食材優先規劃至菜單中（優先烹調），以先進先出的庫存管理法，讓冰箱裡的食材維持好的品質及鮮度，可避免浪費食材也能省錢。

於檢視冰箱時也需做斷捨離，如果在冰箱的角落裡，發現被遺忘好一陣子的零星食材、過期的開封調味料、腐壞的食材等，基於食品衛生，都請不留戀的全部丟棄吧，另原位子也需以乾淨的布加以擦拭。

看似麻煩的「冰箱管理」其實一點也不，只需養成時常檢視及順手整理的習慣，反而能省下更多麻煩，例如食材重覆購買、食物冰到忘記導致腐壞⋯等等，今天起，將冰箱管理及冰箱收納，視為日常習慣的一部分吧！

食物加以分類（生食熟食分層擺放）、以保鮮盒將食物盒裝、維持冷藏室有足夠空間讓冷空氣順暢流動等⋯均是食物在冷藏室得以抑菌及保鮮的重要關鍵。

食物保鮮盒上註明內容物及製作時間，可方便檢視食材的食用狀況，避免重覆購買或忘了享用。

▌關於保存容器

市售保存容器的樣式有很多，找一
款貼近自己保存習慣或符合預算的
保存容器來使用吧，完全用上手
後，這些保存容器將會是你做常備
菜時的最有力幫手。以下幾款是較
常被使用的保存容器及我的使用經
驗，希望對保存容器的採買方向及
用法能有所幫助。

◄矽膠保鮮袋

矽膠保鮮袋的成分不是塑料，因此不含塑化劑及雙酚 A，在材質上較能安心，擁有耐高溫（可
直接微波、放入熱水加熱）及低溫（可冷凍），還有可重覆使用（符合環保）等諸多優點，
用在常備料理時，一袋袋的立放或疊放於冰箱裡，很節省冰箱空間，市售多種品牌及不同尺
寸，可依需求添購。

● 矽膠食品袋我經常使用在「保存米飯」上，將煮熟且放涼的米飯裝入，輕輕的擠出空氣後
密封，冷藏 3 天內仍能維持香軟口感，另「醃漬肉品」也很適合使用矽膠袋，一袋袋醃漬後，
冷藏或冷凍備著，很方便。

保鮮玻璃盒

市售玻璃盒大致分為兩種，一為可耐高溫（可直接盛裝食物微波或加熱），一為強化玻璃（盛裝食物用，不適合高溫），相較於玻璃盒身，其蓋子是較常損壞的零件，建議可找有單售零件（蓋子或膠條）的廠牌購買，方便日後更換。

● 為求方便，我習慣購買耐高溫的玻璃保鮮盒，自冰箱取出後直接放入微波爐叮一下就完成熱菜了；於玻璃保鮮盒的造型上，我大多購買方型居多，因為方形較不佔冰箱空間，且形狀一致更有利於收納。因此，若購買方向是以當成便當盒為目的，我會購買的是方型（省空間）、有分隔功能（可防食物串味）的耐熱玻璃盒。

琺瑯盒

琺瑯是一種玻璃材質，於鐵盒上了多層琺瑯材質即是琺瑯盒，琺瑯擁有耐酸、抗鹼、不吸味的特性，因此非常適合用來盛裝常備料理，除此之外，琺瑯盒還可直接放到瓦斯爐上，以直火直接加熱或烹煮，做焗烤料理時，也可直接放入烤箱炙烤，非常方便。

● 我經常使用琺瑯盒來保存需存放多天的常備料理，例如醃漬品、咖哩肉、醋溜涼拌等，利用琺瑯盒的耐酸、不易上色、不吸味等優點，將食物放在琺瑯盒裡冷藏多日也可以很放心。

食品 PE 袋、夾鏈袋

大賣場買回家的大量肉品，以食品 PE 袋或夾鏈袋分裝很方便，使用的訣竅是將肉品攤平後，盡量擠出空氣，收口往下摺或將夾鏈封口，即可放入冷凍庫保存，但因為肉品冷凍後的樣貌不易判別，建議於袋上註明內容物、購買日期。

● 食品 PE 袋、夾鏈袋我會使用在保存肉品上，將買回家的絞肉及肉片，以每袋 100g 的重量分裝，將放入袋子裡的絞肉壓平、肉片則攤平，分裝完成後將袋口收摺好，袋上標註簡要說明後冷凍保存，大約可存放 1 個月。

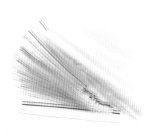 

真空袋

食物腐壞的因素之一是空氣，因此將袋中的空氣充分排出（真空）即能延長食用期限，市售有多款真空機或真空棒，可依自己喜好或預算選購。

● 真空袋我較常使用在乾料保存，例如分裝後的米、乾香菇、豆類等，如真空有水分的食材時，建議可冷凍片刻後再做真空動作，可避免真空機吸入食材的水分。真空袋子雖屬消耗品，但我習慣洗淨後重覆使用至真空力減弱為止。

擬定菜單
力氣省一半

每週開始料理前，請先擬定未來 5 天的簡要菜單，除可一目瞭然的看出營養分配是否均衡、免於每天煩惱新菜色，另伙食預算也較方便控制，好處多多，請一定要嚐試。

初步規劃 5 天便當菜色時，可將 5 份主菜先確定下來，再依配菜的耐放性或烹調方式一一排入菜單中，各主菜與各副菜之間的搭配，如何配搭其整體的風味會更平衡、更美味，全部規劃至菜單裡。

通常一個手作便當基本內容為，主菜（肉或魚）、2～3 份副菜、主食，依各料理的特性建議安排如下：

主菜：假日（或空閒時）完成，無時間壓力下所烹調的料理，更美味
通常是肉類或魚類，以較濃郁的口味來烹調主菜最為適合，因為濃郁口味的料理除了下飯，也較耐放。主菜也是整個手作便當的重要靈魂，主菜可口必能引人食欲，因此可多花些心思規劃主菜內容，將家人愛吃的、適合的，均規劃至一週菜單中。

料理時機
放假日一次煮妥 5 天份，妥善冷藏（或冷凍）後依耐放程度分配至週間各天。

速成家常菜：平日速成家常料理 / 新鮮快煮好滋味
每天可快速完成的家常副菜，以最快最輕鬆的方式來料理，大多是蔬菜類居多，可規劃水煮青菜拌醬、快炒蔬菜等。但因較不耐放，建議可分配在週間的第一天或第二天或當天現煮。

料理時機

多屬不耐放蔬菜，可分配於週間現做或前一晚完成後冷藏，另易生水的葉菜類建議以分隔便當盒盛裝，並充分瀝掉水分後再裝入便當盒中。有了蔬菜加入便當中，除可妝點一番，讓便當看來更有精神，且補充足量的膳食纖維，一舉數得。

易生水的料理，需以分隔便當盒盛裝，或於盛裝前將水分充分瀝乾。

經典配菜：假日（或空閒時）完成／現吃或擇日再吃，都可以

手作便當有1～2道下飯的配菜，能讓整體風味更加美味及平衡，我習慣將下飯的料理歸類在「假日完成的經典配菜」中；這項歸類的配菜有一特點，就是愈放愈入味，愈使人食指大動，利用假日悉心完成一週五日的經典配菜，置於冷藏靜置，以時間換取醒醐味，最是適合。

蛋白質副菜：週間完成／蛋白質料理不走味，最安心

蛋白質可提供身體所需的能量、延遲消化以增加飽足感，是健康便當中不可或缺的營養素之一，故健康便當規劃至少一道美味的蛋白質料理是必需的，可依料理的耐放度

分配至各天。蛋白質料理需特別留意新鮮度，因此以最佳的省時料理規劃，建議是每2天左右料理一次，即於週一備妥週一及週二（2天）的蛋白質料理為佳，週三再準備週三四或五的蛋白質料理，如此一來即能天天享用到不走味的安心蛋白質料理。

常備菜：便當救星菜，絕對非常備菜莫屬

大部分的便當以3副菜、1主菜、1主食來完成，但有時真的沒時間備足3道副菜，此時，冰箱裡利用假日所完成的常備料理就成了救命星了。天天做便當的人一定可以深刻體會，如果冰箱裡備有1～2道常備菜，就像吃了一顆定心丸一樣的安心，因為再也不用擔心便當開天窗或副菜填不滿了。

一週便當菜單規劃示範，分別為飲食控制者及健康飲食者為規劃方向。

附件（A計劃）一週便當計劃表，請參照 P. 214。
附件（B計劃）一週便當計劃表，請參照 P. 216。

番外篇
食材保鮮之道

是否常有買了食材無法一次性的用完，但又不知道如何是好的情況發生，例如一買就是一大把的青蔥、一次吃不完的豆腐、一束容易熟爛的香菜…等食材，本篇將分享容易剩餘的零星食材其保鮮方式及訣竅，經過適當的保存，食材能存放的期限絕對比你想像中的還要久，一起來實驗看看。

▌ 蔥花

青蔥每次一買就是一大把，常無法一次使用完嗎？試試切成蔥花後，將水分大致拭乾並放入保鮮盒裡，上面鋪一張廚房紙巾來保存吧；我經常這樣處理多餘的蔥花，簡單備妥後，未來的數天想煎蔥花蛋、蔥花肉、湯品撒上蔥花等都很便利。雖然也可一次將蔥花切妥，放入冷凍庫備用，但冷凍後的蔥花在使用上較侷限，因此如想要更有彈性的使用蔥花，此保存法推薦給你。

1 蔥花切妥後，以廚房紙巾吸拭水分。

2 放入保鮮密封盒裡，上面輕鋪一張廚房紙巾。

3 蓋上密封蓋子，冷藏保存約12 天（仍維持新鮮）。

▌ 葉菜

葉菜類較不易多日連續保存，但妥善處理後再冷藏，保鮮 3 天沒有問題。買回家的葉菜類不用清洗，先包張廚房紙巾，再以塑膠袋輕輕套起（不用完全封口，保留一點縫隙讓葉菜繼續呼吸），放入冰箱的蔬果保鮮室即可。

1 將葉菜攤開，底部墊一張廚房紙巾。

2 將廚房紙巾輕輕捲起（不用全包住，留些葉子露出）。

3 套上食品 PE 袋（袋口不用封死，留些透氣口），放入蔬果冷藏室可保鮮至少 3 天。

▊ 香菜

香氣的獨特香氣好令人著迷，但每次料理只需些許就已足夠，剩下的香菜如果直接丟進冰箱，很快就會熟爛了，試試在冰箱裡水耕香菜吧，此法可讓香菜保存 7 天沒有問題，想烹調時就隨手摘幾株使用，像是小農一樣，很有趣。

1 將香菜連根放入瓶子裡，注入少許冷水（水量覆蓋白色根部即可）。

2 輕輕套上塑膠袋。

3 放在冰箱門邊，每 2～3 天換一次乾淨的冷水，可保存約 10 天。

▊ 板豆腐

將未煮完的豆腐放入乾淨的保鮮盒，注入飲用冷水（水量約與板豆腐同高）後蓋上蓋子放入冰箱妥善冷藏，每 2 天換一次乾淨的飲用冷水，可保存約一週。

每 2 天換一次乾淨的飲用冷水，開盒後的板豆腐也能保存數日。

▍肉餡

將拌妥的肉餡放入食品袋，將肉餡壓平後袋子的收口往下摺，放入冷凍庫可保存 1 個月左右，要料理前一天，將冷凍肉餡移至冷藏室退凍（退冰的時間將因肉餡的含水量、份量而不一），待退冰後將肉餡再攪拌均勻即還原肉餡的原貌。

將已調妥味道的餡料以 PE 袋裝妥（壓扁並擠出空氣），冷凍保存可達 1 個月。

▍食材擠（排）出空氣

如手邊沒有食物真空機器，利用水的壓力也可以達到偽真空的效果，將食物放入食品夾鏈袋裡，連同袋子一起浸入水中，緩緩的往下壓，讓水的壓力將袋子裡的空氣擠出，待空氣幾乎完全擠出後，封住袋口即完成，真空後的食物冷藏或冷凍都較能保鮮。

1 食品夾鏈袋緩緩下壓，讓水的壓力將袋子裡的空氣擠出。

2 待空氣幾乎完全擠出後，封住袋口即完成。

▍保鮮盒裡的食物
　減少接觸空氣

有時會遇到手邊無合適大小的保鮮盒，但又需盛裝份量較少的料理時刻，別擔心，只要於食材上緊貼一張保鮮膜，讓料理減少與空氣接觸的面積，即可增加保存天數，另醃肉時也可仿效此法，讓肉品更快入味。

緊貼一張保鮮膜，讓料理減少與空氣接觸的面積，可延長保鮮。

▍放在對的位置

安排在週間後段才要享用的主菜或常備料理，請放入冰箱的較深處；冰箱深處的溫度較能保持低溫，冷空氣不易隨著冰箱開開關關而流失太多，持續的保冷較能放心，另也需留意每次開冰箱的時間需盡量減短，讓冷藏品可持續低溫冷藏及節能省電。

週間後段食用的主食放在冰箱的最深處，保冷力較佳。

本書注意事項

● 每道料理的「最佳賞味期」是指：食物存放在乾淨的容器、每次夾取使用乾淨的餐具、妥善的放入冷度適中的冷藏室或冷凍庫之狀態下，另最佳賞味期有可能隨著開冰箱的次數、每次打開的時間長短、各地氣候⋯等因素而有所差異，因此，無論是否為常備料埋，都請於每次使用食材前或夾取常備料理時，習慣性的確認味道（是否有酸味或異味）、外觀（有否有黏稠感或發霉），多重確認更能安心。

使用乾淨的餐具及容器，是常備料理的保鮮第一步。

● 本書所示之全部調味料份量，均隨所選用的各品牌調味料而微調整之，建議於烹調過程中多加嚐試味道，隨著下廚經驗的累積，相信很快的就可以試出喜愛的風味。

1 大匙＝ 15ml

1 小匙＝ 5ml

能量便當

本系列的每個手作便當均富含優質蛋白質、充分膳食纖維,再加入適量的各式低GI主食,就是完美的能量便當了。

美味與健康兼顧的料理是主要的備餐方向,如果你正在實施健身訓練或熱愛各項運動,營養充足的能量便當,就是為你而設計的。

咖哩香菜小雞塊便當

香菜在這道料理中的香氣不算濃郁，但缺它不可。
選用不油不膩的雞絞肉為基底，
以些許香菜末作為陪襯、調味則走咖哩。
一口咬下，輕盈爽口是第一印象。
夏日定番開胃雞肉系列主菜，非它莫屬。

★如果真不喜歡香菜，改以蔥花或韭菜末取代也是另一種選擇。

主菜
咖哩香菜小雞塊 P.31
副菜
豆皮炒蛋絲 P.166
芹菜炒豆乾 P.189
乾煎黑胡椒杏鮑菇 P.199

咖哩香菜小雞塊

材料 2 人份

雞絞肉…200g
板豆腐…100g
香菜…10g（2 株）

醃料

海鹽…1/2 小匙
咖哩粉…1/2 小匙
香油…1 小匙
清水…1 大匙

調味料

油…2 小匙

作法

1. 香菜切成細末、板豆腐以料理巾包起擰乾水分後捏碎（或以雙手擠乾水分）。
2. 將雞絞肉、香菜末、碎豆腐、醃料，混合攪拌至餡料產生黏稠感（筋性）。
3. 肉餡分成 12 等份，每等份於雙手來回拋甩整形成小肉餅狀（來回拋甩可增加肉餡彈性）。
4. 平底鍋入油，以中小火將鍋油預熱後，將肉餅入鍋香煎，煎至雙面呈金黃色、筷子可輕易刺穿且無滲出血水，起鍋。
5. 靜置約 5 分鐘即可享用。

😋 美味關鍵

- 香菜的獨特香氣與咖哩很搭配，建議不要省略，如手邊無香菜，以些許蔥花代替也可以。
- 市售咖哩粉選擇多樣，不同品牌的咖哩粉所烹調的料理風味將有所差異，建議選用喜愛（或慣用）的咖哩粉來料理；本食譜使用的咖哩品牌是S&B純天然咖哩粉。

🍳 保存方式

煎熟待涼，放入密封保鮮盒（袋）冷藏保存；冷凍則可以「生料」或「熟料」裝妥冷凍。
生料：拌入醃料後，放入保鮮袋冷凍（餡料攤平），於料理前1天移至冷藏退冰，退冰後拌勻並整形，入鍋煎熟（或烤熟）。
熟料：煎熟後依食用份量分裝冷凍，享用前1天移至冷藏退冰，覆熱享用。

最佳賞味期 妥善冷藏約 3～4 天，冷凍約 1 個月。

炙烤香草豬便當

豬腰內肉佐入香草醃料，經過一段時間的醃漬及炙烤，
出爐後不止香噴噴，口感更是有著令人意想不到的軟嫩
喜歡！
更令料理人欣喜的是，其調味簡單無比，但風味令人印象
另烹調的過程無油煙，低卡、健康、輕鬆，
趕緊利用假日烤妥後冷藏或冷凍備著，平日隨時想吃就吃
友善的便利健康料理，就是這麼可人。

主菜
炙烤香草豬 P.33

副菜
洋蔥炒毛豆 P.180
醬燒肉末豆乾 P.180
椒麻高麗菜 P.199

炙烤香草豬

材料 3～4 人份

豬腰內肉…300g

醃料

海鹽…1/2 小匙
義大利香料（無鹽）…2 小匙
匈牙利紅椒粉…1/2 小匙
橄欖油…2 小匙

其他材料

鋁箔紙…1 張（足以捲起豬肉的長度）

作法

1. 豬腰內肉整條不切，沖洗後以廚房紙巾拭乾水分，持叉子於肉面均勻刺穿數下（幫助入味）。

2. 取鋁箔紙，將豬腰內肉置於鋁箔紙上，加入醃料抹勻揉入味後捲起（盡量捲緊），置於冰箱冷藏醃過夜（或醃 6 小時以上）。

3. 料理前 30 分鐘自冰箱取出退冰。

4. 攤開鋁箔紙，將鋁箔紙的邊緣折成碗形（可接肉汁），放入預熱後的烤箱，以攝氏 200 度約烤 40 分鐘（中途翻面一次、依烤箱功率微調炙烤及預熱時間）。

5. 取出後略放涼，即可切片享用。

😋 美味關鍵

- 以鋁箔紙捲緊除可幫助充分入味，另也可順道將肉塊塑形成討喜的圓柱形狀。
- 入烤箱前將鋁箔紙攤開，讓義大利綜合香料直接炙烤，其迷人的異國風味將更突出。

○ 保存方式

整條不切待涼後，取一張乾淨的鋁箔紙重新捲起，放入密封保鮮盒（袋）中冷藏保存；冷凍則依食用份量切大塊後，以乾淨的鋁箔紙捲起冷凍。

最佳賞味期 妥善冷藏約 4～5 天；冷凍約 2～3 週。

速炒杏鮑菇咖哩牛便當

美味的牛肉料理帶來滿滿的能量，但好擔心牛肉的口味過濃或熱量較高壞了瘦身計劃？

別擔心，添加一道水煮副菜，菜色組合便能立刻取得均衡了，費點心思，即能讓便當菜色有滿足口欲的濃郁料理（主菜），也有低熱量的水煮蔬菜（副菜），兩款風味正好相互融合，諸多疑慮馬上迎刃而解。

濃口與爽口再也不用二擇一，同時都享有吧！

主菜
速炒杏鮑菇咖哩牛 P.35
副菜
味噌蔥花蛋卷 P.166
玉米筍炒肉 P.181
速燙蘆筍 P.200

速炒杏鮑菇咖哩牛

材料 2～3 人份

牛肩里肌肉片…200g
洋蔥（中型，半顆）…120g
紅蘿蔔…30g
杏鮑菇…80g（1 小條）
青蔥…20g（1 根）

醃料

醬油…1/2 大匙
米酒…1 小匙

調味料

油…2 大匙
咖哩粉…1 小匙
薑黃粉…1/4 小匙
醬油…1 小匙
海鹽…1/4 小匙
孜然粉…1/8 小匙

作法

1 牛肉片切成適口大小，加入醃料拌勻後醃漬 10 分鐘；洋蔥、紅蘿蔔及杏鮑菇均切成絲、青蔥切成蔥花。

2 熱油鍋，將洋蔥、紅蘿蔔、咖哩粉、薑黃粉入鍋以中小火翻炒，炒至洋蔥及紅蘿蔔變軟及上色。

3 加入牛肉片及杏鮑菇，不停翻炒至牛肉片近熟、杏鮑菇變軟。

4 加入醬油、海鹽及孜然粉，整鍋翻炒至入味。

5 撒入蔥花，拌勻後即完成。

😋 美味關鍵

● 咖哩粉及薑黃粉先入鍋翻炒出香氣，能增加底蘊層次及營造渾厚口感。

● 市售咖哩粉選擇多樣，不同的咖哩粉所烹調的料理風味會有所差異，建議選用自己喜愛的咖哩粉來料理；本食譜使用的咖哩品牌是S&B純天然咖哩粉。

🕐 保存方式

待涼，放入密封保鮮盒中冷藏保存；冷凍則依食用份量分裝冷凍。

最佳賞味期 妥善冷藏約 4～5 天，冷凍 2 週。

蒜味蝦便當

原本擔心大量的蒜末蝦仁料理，會讓完食後口腔所殘留的蒜頭餘味擾人，
但蒜末經過小火焗炒後辛嗆味降低許多，
且技巧性佐入海量洋蔥丁，讓整體天然甜味大增。
就放心的一口一隻蝦吧，每次咀嚼都是飽滿的鮮甜滋味回饋，
令人愛不釋口，蒜末與鮮蝦，真是絕妙組合。
副菜XO醬拌長豆的鮮美海味正好與主菜相呼應，
以XO醬拌入速來煮而成的各式蔬菜，
著實快速又美味，省嘗下的料理時間，
用來完成加分，可愛蘑菇蛋及造型焗烤茭白筍吧，
視覺有了、美味有了，開動！

主菜
蒜味蝦 P.37
副菜
蘑菇蛋 P.164
XO 醬拌長豆 P.196
焗烤茭白筍 P.200

蒜味蝦

材料 2～3 人份

蝦仁…270g（30 隻）
蒜頭…30g（7 瓣）
洋蔥…100g（中型）
辣椒…5g

清洗蝦仁材料

太白粉…2 小匙（分 2 次使用）
海鹽…少許

調味料

油（分次入鍋）…2 大匙＋2 小匙
米酒…2 大匙
海鹽…1/2 小匙
黑胡椒…1/8 小匙

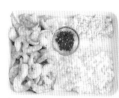

作法

1. 蝦仁挑掉腸泥後以太白粉及海鹽輕輕搓揉，將滲出的灰色雜質及液體沖洗乾淨（重覆 2 次）。
2. 蒜頭切末、洋蔥切丁、辣椒切碎。
3. 熱油鍋（2 大匙油）將蒜末入鍋拌炒（小火），炒至呈現淡金黃色立即起鍋*。
4. 原鍋，再加入 2 小匙油後，將洋蔥入鍋翻炒至軟且呈現琥珀色。
5. 蝦仁、米酒入鍋，轉中火後將蝦仁翻炒至半熟。
6. 將作法 3 煸香的蒜末回鍋，加入辣椒末，整鍋翻炒至蝦仁全熟及入味。
7. 以海鹽及黑胡椒調味，完成。

★ 起鍋後的餘溫會持續加熱蒜末，因此蒜末一呈現淡金黃色時即起鍋，避免蒜末過焦而產生苦味。

😋 美味關鍵

- 蝦仁以太白粉及海鹽輕輕搓揉，可去除表層雜質，讓蝦仁吃起來鮮嫩爽口且色澤也會較清透。
- 煸香的蒜末及炒至甜味釋出的洋蔥丁，是讓這道蝦仁料理鮮甜美味的決勝關鍵。

🕐 保存方式

待涼，放入密封保鮮盒中冷藏保存；冷凍則依食用份量分裝冷凍。

最佳賞味期 妥善冷藏約 3～4 天；冷凍約 2 週。

燕
麥
牛
肉
堡
便
當

主菜
燕麥牛肉堡 P.39
副菜
蝦仁蛋 P.167
辣豆瓣炒苦瓜 P.181
厚切櫛瓜炒香菇 P.201

肉堡還能有什麼變化呢？

試試將以熱水浸泡香軟的健康燕麥也加入肉堡吧！
燕麥的黏稠性能幫助肉餡更加緊密，
入鍋後不易散開，更棒的是，
燕麥能減少整體熱量、降低絞肉油膩感、增加飽足感及營養，
好處多多。

除了健康燕麥牛肉堡，副菜部分也都很喜愛；
有菜有蝦，有甜有辣，今天的便當超級滿分。

燕麥牛肉堡

材料 3 ～ 4 人份

牛絞肉…170g
豬絞肉…85g
洋蔥…80g（中型，1/4
顆）
非即食燕麥…50g
★ 牛：豬比例＝1：0.5

醃料

雞蛋…1 顆
海鹽…1 小匙
醬油…1 小匙
豆蔻粉…1/2 小匙

調味料

油…1 大匙

其他材料

熱水…200ml

作法

1. 洋蔥切成小丁；非即食燕麥以200ml熱水浸泡 5 分鐘泡軟，
   瀝掉水分略放涼。
2. 將牛絞肉、豬絞肉、洋蔥丁、泡軟的燕麥、醃料，全部一
   起攪拌均勻，拌至出現筋性後（黏稠狀）靜置 5 分鐘使味
   道融合。
3. 將肉餡分成 10 等份，每一等份整形成圓形肉堡★。
4. 熱油鍋（平底鍋），將肉堡入鍋以中小火香煎，煎至底部
   金黃且定形時翻面續煎。
5. 雙面均煎至金黃，以筷子刺穿時無血水滲出即可起鍋。
6. 靜置於網架上約 5 分鐘即可享用。

★ 整形肉餡時可將肉餡於掌心來回拋接，擠出空氣以增加肉餡彈
性。

😊 美味關鍵

藉由燕麥泡軟會變黏的特性，讓肉堡入鍋時不易破損且帶有彈性
口感，另加入燕麥可解油膩感，讓整體風味清爽又健康。

🕐 保存方式

待涼，放入密封保鮮盒中冷藏保存；冷凍則可以「生料」或「熟
料」裝妥冷凍。
生料：拌入醃料後，放入保鮮袋冷凍（餡料攤平），於料理前1天
移至冷藏退冰，退冰後拌勻並整形，入鍋煎熟（或烤熟）。
熟料：煎熟後依食用份量分裝冷凍，享用前1天移至冷藏退冰，覆
熱享用。

最佳賞味期 妥善冷藏約 4 ～ 5 天；冷凍約 1 個月。

優格咖哩雞便當

最喜歡五彩繽紛的彩虹飲食組合了，
以黃色、綠色、紅色等全天然食材料理而成的便當菜色，
色香味俱全，總是能令人食指大動。

主菜「優格咖哩雞」除了擁有飽和的金黃色澤，
其咖哩香氣也很入味下飯，另優格有軟化肉質的功用，
讓雞胸肉香嫩不乾柴；快將這道好看也好吃的雞肉料理，
列為便當愛菜之一吧。

主菜
優格咖哩雞 P.41

副菜
番茄洋蔥炒蛋 P.167
乾煎菇佐七味粉 P.201
燜煮薑味青花菜 P.202

優格咖哩雞

材料 3 ～ 4 人份

雞胸肉…300g
洋蔥…120g（中型半顆）
辣椒…10g

醃料

蒜泥…1/2 小匙
咖哩粉…2 小匙
匈牙利紅椒粉…1/2 小匙
番茄醬…1 大匙
優格（無糖無調味）…3 大匙
海鹽…1/4 小匙

調味料

油…1 大匙
海鹽…1/4 小匙

作法

1 雞胸肉及洋蔥均切小塊、辣椒斜切。
2 雞胸肉加入全部醃料，充分拌勻後置於冰箱冷藏醃 2 小時入味或醃過夜（6 小時以上）。
3 開始料理前 20 分鐘自冰箱取出退冰。
4 熱油鍋，洋蔥入鍋以中小火翻炒至軟。
5 醃妥的雞胸肉入鍋，煎至肉面呈現熟色，蓋上鍋蓋以小火燜煮約 2 分鐘。
6 掀開鍋蓋，以筷子測試熟度，如可輕易刺穿雞肉即為全熟。
7 加入辣椒、海鹽，整鍋翻炒至略收汁即完成。

😋 美味關鍵

● 醃肉時以適量的無調味優格醃漬可助肉質軟化，營造軟嫩不乾柴的口感，另咖哩香料也因為優格足以充份包覆著雞肉進行醃漬入味，喜愛咖哩料理的一定滿意。

● 市售咖哩粉選擇多樣，不同品牌的咖哩粉所烹調的風味將有所差異，建議選用喜愛（或慣用）的咖哩粉來料理本食譜；本食譜使用的咖哩品牌是S&B純天然咖哩粉。

🕒 保存方式

待涼，放入密封保鮮盒中冷藏保存；冷凍則依食用份量分裝冷凍。

最佳賞味期 妥善冷藏約 5 天；冷凍約 2 ～ 3 週。

辣椒圈圈雞肉片便當

今天的便當菜色每一道都好喜歡，
當掀開便當盒蓋子時，完全慌了陣腳，不知道先吃哪一道呀（笑）。

逗趣的「辣椒圈圈雞肉片」低脂高蛋白、「油煎鹹酥風味櫛瓜」
多汁鹹香很解膩、「甜味洋蔥蛋卷」則充分發揮平衡口感重任、
最後的常備料理「快炒香料紅蘿蔔緞帶」也是我的愛菜，好看好吃。
一道道美味料理的呼喚，誰能抵擋的住呢。

主菜
辣椒圈圈雞肉 P.43
副菜
甜味洋蔥蛋卷 P.168
快炒香料紅蘿蔔緞帶 P.182
油煎鹹酥風味櫛瓜 P.203

辣椒圈圈雞肉

材料 2 人份

雞胸肉… 200g（1 塊）
辣椒…12g

醃料

蠔油…1 大匙
醬油…1/2 大匙
白胡椒粉…少許
蛋液…1/2 顆雞蛋的份量

其他調味料

油…2 小匙
蛋液蘸醬…1/2 顆雞蛋的份量
唐辛子七味粉…少許
洋香菜葉…少許

作法

1　雞胸肉切成片狀、辣椒斜切成圈狀（怕辣者可沖水去籽），。
2　雞胸肉片加入醃料，拌勻後靜置醃 10 分鐘。
3　取平底鍋，熱油鍋後，將辣椒圈擺入鍋（小火）。
4　將醃妥的雞胸肉一片片沾上蛋液後，直接放入鍋裡的辣椒圈上。
5　煎至底部呈金黃色、蛋液也凝固定形時，小心翻面續煎。
6　煎至肉片全熟，均勻撒入唐辛籽七味粉及洋香菜葉，起鍋。
7　置於網架（防止底部熱蒸氣回滲）片刻，即可享用。

😋 美味關鍵

雞肉片沾滿蛋液後入鍋貼著辣椒圈一起香煎，除可讓辣椒圈因蛋液凝固而緊黏肉片，另可增加蛋香及提升口感，是這道料理的美味關鍵。

🌀 保存方式

待涼，放入密封保鮮盒中冷藏保存；冷凍則依食用份量分裝冷凍。

最佳賞味期 妥善冷藏約 2 ～ 3 天；冷凍約 2 週。

蘆筍牛肉卷便當

想快速補充能量時，蘆筍牛肉卷絕對是超級定番！
除了在蘆筍上捲入牛肉片，
心血來潮時也可改換其他肉片，
例如培根肉片、豬五花肉片、豬梅花肉片等等都非常合適。

至於醬汁的選擇變化就更多了，甜、辣、酸、鹹均可隨心調製，
調妥後倒入鍋與肉卷一起煮入味，下飯又吸睛。

對了，還想特別提一下乳酪薯餅，
這道薯餅特別加入香濃的乳酪絲，並多一道香煎步驟，
煎至焦香的乳酪絲與鬆軟薯泥融成一體，好吃極了。

主菜
蘆筍牛肉卷 P.45

副菜
水煮蛋 P.169
肉末炒長豆 P.190
乳酪薯餅 P.190

蘆筍牛肉卷

材料 3 人份

蘆筍（大支）…170g（6 支）
牛里肌肉片…160g（12 片）

牛肉卷調味料（預先調勻）
海鹽…1/8 小匙
黑胡椒…1/8 小匙

醬汁（預先調勻）
法式芥末籽醬…2 小匙
蜂蜜…2 小匙
米酒…2 小匙
醬油…1 小匙

★ 法式芥末籽醬於超市、大賣場
　或網路購物均能購得。

調味料
油…1 小匙

作法

1 蘆筍以刨刀削除根部粗皮纖維。
2 由蘆筍根部開始捲牛里肌肉片，盡量捲緊，讓肉片緊貼蘆筍，如蘆筍較長，則使用 2 片肉片。
3 將卷妥的牛肉卷切半（如蘆筍的長度可完全放入鍋子，可不切）。
4 於牛肉卷各面均勻撒入牛肉卷調味料。
5 平底鍋加入油並抹勻，鍋油均熱後，將牛肉卷入鍋以中小火香煎（接合處朝鍋底先煎），煎至底部定形後，翻面續煎至牛肉全熟。
6 倒入醬汁，輕輕翻動牛肉卷，讓每支牛肉卷均能充分沾裹醬汁，煮至收汁即完成。

😊 美味關鍵

蘆筍牛肉卷佐入甜味蜂蜜與微酸芥末籽醬，整體風味很豐富且速配，咬下一口，食材的各式風味於口中四散並完美結合，美味極了。

🕐 保存方式

待涼，放入密封保鮮盒中冷藏保存。

最佳賞味期 冷藏約 3 天。

BELOVED
WIFE
BENTO

均衡便當

希望在工作(或學校)能吃的營養均衡,是自己
帶便當的主要原因之一,既然都自己開伙煮
了,在用料、食材及營養素上,當然都得多加
留意。

「均衡便當」所講究的除了烹調方式要健康,
另多煮些好吃的料理犒賞自己當然也不能忽
略,今天開始,將便當裡的營養素備好備滿,
還有香氣及美味也讓它滿到溢出便當盒吧。

茄汁嫩雞便當

說到規劃一週便當，
怎麼能不私心的推薦這道自己喜歡的「茄汁嫩雞」呢。
「茄汁嫩雞」的所有材料都很容易取得，做法也很簡單，
微酸甜的醬汁均勻的包覆在雞肉片上很對味，，
雞肉片爽嫩不柴口，好吃極了，再隨心搭配幾道健康副菜料理，
一份令人垂涎三尺的營養手作便當就完成了。

主菜
茄汁嫩雞 P.49
副菜
甜味藜麥紅蘿蔔 P.170
韭菜肉末炒菇 P.178
辣炒味噌高麗菜 P.205

茄汁嫩雞

材料 3～4 人份

雞胸肉…300g
牛番茄…150g（中型，1 顆）
洋蔥…70g（1/4 顆）
青蔥…17g（1 根）

醃料
醬油…2 小匙
太白粉…1 小匙
白胡椒粉… 1/4 小匙

醬汁（預先調勻）
蠔油…2 小匙
番茄醬…1 大匙
清水…2 大匙

調味料
油（分次入鍋 ）…2 小匙 +2 小匙

作法

1 番茄切塊、洋蔥順紋切絲、青蔥切成蔥花。

2 雞胸肉切成適口大小，加入醃料抓拌均勻後靜置醃 10 分鐘。

3 鍋內倒入 2 小匙油，鍋油均熱後將醃妥的雞胸肉入鍋以中小火香煎，煎至表面金黃，起鍋。

4 原鍋（免洗）再倒入 2 小匙油，將番茄塊及洋蔥絲入鍋翻炒，炒至番茄及洋蔥絲均變軟。

5 將作法 3 的雞胸肉及醬汁入鍋，翻炒至所有食材上了醬色。

6 撒入蔥花，拌勻即完成。

😋 美味關鍵

雞胸肉以少許白太粉醃漬後，除可增加雞胸肉的整體嫩度，另再次覆熱時也能保持嫩口感，「少許太白粉」是這道料理的美味關鍵。

🕐 保存方式

待涼，放入密封保鮮盒中冷藏保存；冷凍則依食用份量分裝冷凍。

最佳賞味期 妥善冷藏約 4 ～ 5 天；冷凍約 2 週。

菠菜乳酪雞肉餅便當

好喜歡吃菠菜，但擔心菠菜再次覆熱時容易發黑或變黃，
實在無法引發食欲…

試試這道菠菜雞肉餅料理吧！
菠菜速燙後冰鎮定色，再將燙妥的菠菜與雞絞肉料理⋯⋯
現吃香濃好吃，覆熱再吃菠菜依然鮮⋯⋯
完全排除菠菜不適合裝入加熱便當⋯⋯缺點，
能在便當裡看到喜歡的菠菜料理⋯⋯真是太棒了！

主菜
菠菜乳酪雞肉餅 P.51
副菜
糯米椒玉子燒 P.170
炒丁丁 P.191
蠔油高麗菜炒香菇 P.206

菠菜乳酪雞肉餅

材料 2～3 人份

雞胸肉…200g
菠菜…120g
洋蔥…30g

醃料

海鹽…1/2 小匙（隨乳酪絲的鹹度
微調）
義大利綜合香料（無鹽）…1 小匙
乳酪絲…30g（PIZZA 專用）
雞蛋…1 顆

調味料

油…2 小匙

作法

1. 菠菜洗淨後放入滾水中汆燙 20 秒（滾水中加入少許海鹽，
   份量外），菠菜一撈起鍋立即冰鎮冷卻（定色），冷卻後
   擠乾水分切碎。
2. 雞胸肉以食物調理機攪成肉泥（或以刀切碎）、洋蔥切丁。
3. 將作法 1、作法 2、醃料，一起拌勻後均分成 8 等份，整形
   成肉餅狀。
4. 平底鍋加入油，鍋油均熱後，將作法 3 入鍋以小火香煎，
   煎至底部呈金黃色且定形翻面續煎，煎至全熟 即可起鍋。
5. 置於網架（防止底部熱蒸氣回滲）約 5 分鐘，完成。
* 肉餅呈現紮實且有膨脹感時，持筷子輕刺肉餅，如孔洞流出透明
   肉汁即代表幾乎全熟了。

😊 美味關鍵

以加了少許海鹽的沸騰熱水快速汆燙菠菜，可保持菠菜的翠綠色
澤，另撈起鍋後立刻冰鎮降溫，也有定色的效果。

🌀 保存方式

煎熟待涼，放入密封保鮮盒（袋）冷藏保存；冷凍則可以「生料」
或「熟料」裝妥冷凍。
生料：拌入醃料後，放入保鮮袋冷凍（餡料攤平），於料理前1天
移至冷藏退冰，退冰後拌勻並整形，入鍋煎熟（或烤熟）。
熟料：煎熟後依食用份量分裝冷凍，享用前1天移至冷藏退冰，覆
熱享用。

最佳賞味期 妥善冷藏約 5 天；冷凍約 2 週。

毛豆藜麥雞肉堡便當

我喜歡嚐試各式各樣的雞肉餅料理！
以低脂高蛋白質的雞胸肉為基底，逐一添加喜歡的食材及調味料，
接著將肉餡拌出筋性後整形下鍋，
很快的一顆顆香氣大噴發的雞肉餅就完成了。
需要多點時間完成的雞肉餅料理，
特別適合利用假日或空閒時間多做一些，以冷藏或冷凍方式備著，
平日用來入便當或當成早餐，著實方便極了。

主菜
毛豆藜麥雞肉堡 P.53
副菜
黑木耳蔥花蛋卷 P.173
嫩薑炒鮮蔬 P.183
豆瓣醬炒粉豆 P.206

毛豆藜麥雞肉堡

材料 3 人份

雞胸肉⋯300g
熟毛豆仁⋯60g
青蔥⋯20g（1 根）
熟藜麥⋯10g

＊藜麥洗淨後瀝乾水分，注入比藜麥多3倍的水量，放入電鍋（外鍋加100ml的清水）蒸煮至開關鍵跳起即成熟藜麥，待涼後置於冰箱冷藏，可當成常備食材。

醃料

醬油⋯1 大匙
海鹽⋯1/8 小匙
黑胡椒⋯1/4 小匙
香油⋯1 小匙
白胡椒粉⋯少許

調味料

油（分次入鍋）⋯2 小匙 ＋1 小匙

作法

1. 雞胸肉以食物調理機攪成肉泥（或以刀切碎）、熟毛豆仁大致切碎、青蔥切成蔥花。
2. 雞絞肉、熟毛豆、蔥花、熟藜麥及醃料一起混合拌勻，攪拌肉餡出現筋性（牽絲狀）。
3. 雙手沾溼（可防肉餡沾手），將餡料分成 10 等份，整形成肉堡狀。
4. 熱油鍋（2 小匙油），將肉堡入鍋以小火香煎，煎至底部定形且呈金黃色，翻面（再補 1 小匙油入鍋）煎至熟透即完成。

＊肉堡呈現紮實且有膨脹感時，持筷子輕刺肉堡，如孔洞流出透明肉汁即代表幾乎全熟了。

😋 美味關鍵

食材含有低脂雞胸肉、富含蛋白質的毛豆及藜麥，三項超級食材所料理而成的雞肉餅營養又好吃。

🕐 保存方式

煎熟待涼，放入密封保鮮盒（袋）冷藏保存；冷凍則可以「生料」或「熟料」裝妥冷凍。

生料：拌入醃料後，放入保鮮袋冷凍（餡料攤平），於料理前1天移至冷藏退冰，退冰後拌勻並整形，入鍋煎熟（或烤熟）。

熟料：煎熟後依食用份量分裝冷凍，享用前1天移至冷藏退冰，覆熱享用。

最佳賞味期 妥善冷藏約 5 天；冷凍 1 個月。

快炒番茄洋蔥牛便當

洋蔥、番茄、牛肉，三樣家常食材，
經過簡易調味快炒，就能讓享用便當的人吃的津津有味。
我推薦最完美的吃法是，以湯匙挖一口米飯，
再以筷子夾塊炒入味的牛肉、小番茄、洋蔥絲各取一些放在米飯上，
然後一口吃下就對了，爽快極了！
主菜快炒番茄洋蔥牛於假日先備妥，平日只需簡單備齊2道副菜，
完全無負擔的便當事務就完成了，輕鬆又美味！

主菜
快炒番茄洋蔥牛 P.55
副菜
櫻花蝦櫛瓜煎蛋 P.171
水油炒蒜味小白菜 P.207

快炒番茄洋蔥牛

材料 2～3 人份

牛肉片（牛肩里肌火鍋肉片）…200g
小番茄…100g（中型，8～9 顆）
洋蔥…120g（中型，半顆）
青蔥…20g（1 根）

牛肉醃料

醬油…1 小匙
薑泥…1/4 小匙
蛋液（全蛋）…2 大匙
太白粉…1 小匙

調味料

油…2 小匙
清水…50ml
海鹽…1/4 小匙

作法

1 牛肉片切成適口大小、小番茄對切、洋蔥切絲、青蔥切成蔥花。
2 牛肉片加入醃料，拌勻後靜置醃約 5 分鐘。
3 熱油鍋，將牛肉片入鍋以中火拌炒至半熟，起鍋。
4 原鍋（免洗）加入洋蔥、番茄、清水，整鍋拌炒至洋蔥及番茄均變軟。
5 加入作法 3 的半熟牛肉片，翻炒至牛肉片幾乎全熟。
6 以海鹽調味、撒入蔥花，拌勻即完成。

😋 美味關鍵

拌炒番茄的過程中（作法4），可持鍋鏟將番茄輕輕擠壓，以幫助番茄快速的釋放酸甜滋味，番茄的酸與牛肉片及洋蔥融合後滋味絕佳。

🕐 保存方式

待涼，放入密封保鮮盒中冷藏保存。

最佳賞味期 妥善冷藏約 4～5 天。

芋泥肉丸便當

今天的便當就將主食與主菜二合一，
如果你也喜歡鹹口味的芋泥料理，別錯過這道芋泥肉丸，
看似步驟繁瑣，其實只有3道工序唷，
即將芋泥蒸熟、絞肉入鍋炒香、兩者合一後香煎即完成；
將各食材分別料理後，再將各自風味一層層堆疊，口感果然不俗。
另副菜中的清爽解膩蘆筍涼拌菜、
美味蔬菜煎蛋及開胃常備紅蘿蔔料理，
樣樣引人食欲，還等什麼呢，開動吧！

主菜
芋泥肉丸 P.57

副菜
茭白筍煎蛋 P.171
開胃紅蘿蔔炒肉末 P.179
涼拌蜂蜜芥末蘆筍 P.207

芋泥肉丸

材料 3～4 人份

芋頭（去皮）…400g
豬絞肉…200g
紅蔥頭…35g（4～5 瓣）
洋蔥…100g
雞蛋…1 顆

絞肉醃料
醬油…1 大匙
白胡椒粉…少許

調味料
油…2 小匙
米酒…1 大匙
醬油…1 小匙
海鹽…1/4 小匙
白胡椒粉…少許
麵粉（中筋或低筋均可）…1 小匙

作法

1 芋頭切大塊後放入電鍋蒸煮至開關鍵跳起（外鍋注入 100ml 清水），將蒸熟的芋頭大致搗碎。
2 豬絞肉加入醃料後拌勻、紅蔥頭切成末、洋蔥切成小丁。
3 鍋內倒入 2 小匙油，紅蔥頭入鍋以小火炒香。
4 轉中火，豬絞肉入鍋拌炒均勻後嗆入米酒，將豬絞肉拌炒至全熟。
5 加入洋蔥丁、醬油、海鹽、白胡椒粉，整鍋拌炒至洋蔥丁呈現琥珀色、水分收乾，起鍋。
6 將作法 1（蒸熟的芋泥）、作法 5（洋蔥炒肉）、雞蛋，全部一起拌成餡料。
7 將餡料分成 12 等分，每等份整形成圓扁形的肉餅，並於雙面輕拍少許麵粉，靜置約 5 分鐘（待麵粉與肉餡融合）。
8 取平底鍋，熱油鍋後（適量油，份量外），將肉餅入鍋以中小火煎至雙面勻呈金黃色即完成。

😋 美味關鍵

- 作法1可保留些許小塊芋頭（不要搗太碎），讓口感更多元。
- 輕拍少許麵粉後再煎至焦香，可讓整體的香氣更加濃郁。

🌀 保存方式

待涼，放入密封保鮮盒中冷藏保存；冷凍則煎熟後依食用份量分裝冷凍。

最佳賞味期 妥善冷藏約 4～5 天；冷凍 2～3 週。

家常豬排便當

愈是家常的料理愈是雋永，就像從小吃到大的經典豬排一樣，
吃了，就有回家的感覺。
以醬油、蒜泥及砂糖等調味料，就能做出心目中理想的家常豬排：
喜歡甜一點的多加點糖，喜歡鹹香濃郁的，則多些醬油或風味鹽。
對了，如果想豪爽些，甚至可以用沾上蛋液及麵包粉（或地瓜粉），
下鍋炸至酥香，也是超級好吃。
多樣化的作法及吃法，就是家常排骨的迷人之處。

主菜
家常豬排 P.59
副菜
極嫩玉子燒 P.172
肉末炒豌豆苗 P.192
玉米筍炒鮮菇 P.208

煎家常豬排

材料 3 ～ 4 人份

大里肌肉排（豬）…300g

醃料

醬油…20ml（重口味醬油可調整為 15ml）

蒜泥…1 小匙

砂糖（二砂）…1 小匙

烏醋…1 小匙

米酒…2 小匙

清水…2 大匙

香油…1 小匙

五香粉…1/4 小匙

調味料

太白粉…適量

油…1 大匙（或適量）

白芝麻…少許（可省略）

作法

1. 大里肌切片（厚度不超過 1 公分），於邊緣切刀斷筋、以肉錘（或刀背）均勻的將肉片雙面拍鬆（以肉錘拍鬆的效果較好）。
2. 加入全部醃料揉勻，置於冰箱冷藏醃 1 小時（或醃過夜）。
3. 料理前 20 分鐘，自冰箱取出退冰。
4. 肉片逐片攤開，雙面輕撒少許太白粉（薄薄一層即可）後靜置片刻（待太白粉吸附醃料）。
5. 取平底鍋，熱油鍋後將排骨入鍋，以中小火香煎。
6. 煎至底部呈金黃色時翻面續煎，煎至雙面金黃熟色起鍋。
7. 略靜置 5 分鐘，撒入少許白芝麻點綴（可省略）即完成。

⊖ 美味關鍵

大里肌部位的油脂較少、肌肉纖維緊密，因此口感較易乾硬，故以肉錘（或刀背）拍鬆肉面有助軟化肉質及快速吸收醃料，另下鍋前再撒少許太白粉，亦可增加肉質軟嫩感。

◔ 保存方式

待涼，放入密封保鮮盒（袋）冷藏保存；冷凍則生肉（僅醃肉不煎熟）或熟肉（已煎熟）均可，依食用份量分裝（攤平）冷凍保存。

最佳賞味期 妥善冷藏約 3 ～ 4 天，冷凍約 1 個月。

蒸豆腐肉便當

蒸一鍋肉來帶便當吧，免油煙、易成功、
開胃又下飯的「蒸豆腐肉」好適合加入便當主菜行列！
蒸肉的配角是板豆腐，其主要的任務是增加飽足感、
補充蛋白質、減少油膩感、降低整體熱量…等；
板豆腐讓這道蒸肉料理更符合健康飲食的規劃及增添口感，缺它不可呢。
你也來蒸一鍋吧，將豆腐軟嫩多汁、
醬香入味的「蒸豆腐肉」一起盛裝入盒。
享用時，米飯淋些肉汁、再挾一大口蒸豆腐肉～超級滿足的。

主菜
蒸豆腐肉 P.61
副菜
紅燒鰻魚蔥花玉子燒 P.172
炒義式三蔬 P.192
水油蒸煮芥蘭 P.208

蒸豆腐肉

材料 3 ～ 4 人份

豬絞肉…300g
板豆腐…200g
青蔥…1 ～ 2 根（20g）
蔥絲及辣椒絲…少許（盛盤裝飾，可省略）

調味料

醬油…1.5 大匙
蠔油…1 大匙
五香粉…1/2 小匙
米酒…1 大匙

作法

1. 板豆腐切小塊、青蔥切成蔥花。
2. 取電鍋的內鍋，將豬絞肉、板豆腐、青蔥及調味料全部入鍋後攪拌均勻，最後以湯匙（或飯匙）壓緊實。
3. 將作法 2 放入電鍋，外鍋注入一杯水（200ml），炊煮至開關鍵跳起即可取出。
4. 倒扣盛盤（肉汁先取出，待蒸肉倒扣出來後，再將肉汁淋回蒸肉上）加些蔥絲及辣椒絲裝飾，完成。

😋 美味關鍵

板豆腐切小塊、不壓碎、不擠乾水分，可讓蒸熟後的口感較多層次，除有入味的絞肉，另有富含軟嫩又帶汁的可口豆腐。

🌀 保存方式

待涼，連同肉汁一起裝入密封盒中冷藏保存。

最佳賞味期 妥善冷藏約 4 ～ 5 天。

醬燒翅小腿便當

「醬燒翅小腿」能以時間換取雞鵝味，
將其規劃在週間的第四或第五天便當菜單裡，屆時將更入味。
雖然一起鍋即很美味，但一週的便當計劃，誰先誰後已安排妥當，
豈能自己亂了套（笑）。
就將「醬燒翅小腿」放入保鮮密封盒中，妥善冷藏著，
幾天後再與它見面吧！
建議放在冰箱較靠近裡面的位置，一來冷度夠，
二來不會每次開冰箱就看見它的身影，忍不住的想熱來吃。
當然，分裝冷凍也很適合（可保存的時間更久），
待入便當的前一天再移至冷藏室退冰即可，方便又美味。

主菜
醬燒翅小腿 P.63
副菜
簡易番茄蛋卷 P.173
豆乾炒黑木耳 P.197
手撕高麗菜炒玉米筍 P.210

醬燒翅小腿

材料 3～4 人份

翅小腿…600g（15 支）
洋蔥…250g（中型 1 顆）
杏鮑菇…250g（小條，2 條）
老薑…10g

調味料

油…1 大匙

滷料

清水…300ml
醬油…100ml（隨醬油鹹度微調整）
紹興酒…2 大匙
砂糖（二砂）…1 小匙
八角…1 個

作法

1. 洋蔥及杏鮑菇切大塊、老薑切片。
2. 取平底鍋，熱油鍋後將老薑片入鍋，以小火煎至香氣飄出。
3. 翅小腿擺放入鍋（讓每支翅小腿均接觸到鍋面），以中小火煎至雞皮呈金黃焦香感。
4. 加入滷料，拌勻後蓋上鍋蓋以小火燜煮 5 分鐘。
5. 掀蓋，投入洋蔥、杏鮑菇，拌勻後再蓋上鍋蓋，續燜煮 5 分鐘。
6. 掀蓋，續煮約 3 分鐘，將滷汁再煮至稍微濃縮即完成。

😊 美味關鍵

- 小翅腿以油先煎過，並將雞皮煎至金黃焦香感，是讓雞肉香氣大大提升的重要關鍵步驟。
- 洋蔥及鮑菇於中途再下鍋，能避免滷煮的過程中吸附太多醬汁而過鹹。

🕐 保存方式

待涼，放入密封保鮮盒中冷藏保存；冷凍則依食用份量分裝冷凍。

最佳賞味期 妥善冷藏約 4～5 天；冷凍約 2 週。

BELOVED
WIFE
BENTO

——

爽吃便當

——

「今天不止要吃飽，還要甩開熱量的爽吃一番」，
這是忙碌的現代人經常會有的心情吧。

本系列的「爽吃便當」就是專為想好好吃一波的時
刻而設計，雖然說是爽吃，但其實在配菜部分，還
是有偷偷的將整體口感拉回健康軌道一些，有點過
又不會太過的滿足口欲。

當下爽吃一番，吃完絕不後悔，就是「爽吃便當」
最厲害的地方了。

吮指醬燒雞翅便當

自己做過一次「吮指醬燒雞翅」就不會想購買市售的烤雞翅回家了，
因為自己做的與餐館賣的一樣專業、一樣好吃啊。

將雞翅與老薑先煸香，再以簡單的調味料烹煮至入味就完成了，
很容易且一定好吃；推薦將此歡樂菜色安排在星期五便當菜色中，
藉由美味雞翅偷跑一下假日的愉快心情（笑）。
輕鬆的星期五，開心的吃著好吃雞翅，是便當族的最大滿足了，
尤其是在雞翅吃完後，將指尖上的醬汁不浪費的吮指入肚那一刻，
真是幸福極了。

吮指醬燒雞翅

材料 3 人份

雞翅…500g（二節翅 13 隻）
老薑…20g

醬汁（預先調勻）

清水…50ml
醬油…3 大匙
番茄醬…3 大匙
米酒…1 大匙
砂糖（二砂）…1 小匙
香油…1 小匙
海鹽…1/4 小匙（隨醬油鹹度微調整）

調味料

油…1 大匙

作法

1. 雞翅洗淨後以廚房紙巾拭乾水分、老薑切片、醬汁預先調勻。
2. 鍋內倒入 1 大匙油，鍋油均熱後，將雞翅及老薑入鍋以中小火香煎。
3. 雞翅煎至雙面均呈金黃色時，倒入醬汁，蓋上鍋蓋，以小火燜煮約 10 分鐘（其間可將雞翅翻面，讓雞翅均勻沾裹醬汁）。
4. 掀蓋，略煮至收汁（或喜歡的醬汁濃度）即完成。

😋 美味關鍵

雞翅以熱鍋煎過且煎至表皮金黃，能產生梅納反應讓肉質帶出焦香，因此，先煎再燜煮，是這道料理的美味大關鍵哦。

🔵 保存方式

待涼，以密封盒冷藏保存；冷凍則依食用份量分裝冷凍。

最佳賞味期 妥善冷藏約 5 天；冷凍 1 個月。

風味大排骨便當

每個人心中都有一份經典排骨！無論是油炸、醬滷、炙烤或香煎，
諸多不同的料理手法都有著各自的擁護者，但相同的是，
當吃到與記憶中美好滋味相符的排骨時，嘴角上揚角度絕對是一致的。

你呢？你心中的那道經典排骨是什麼風味的呢？

我喜好的排骨除了傳統的酥炸五香風味，
另外這道加了少許魚露一起醃漬的排骨也是最愛之一；
魚露真是神奇，料理前後的氣味差異頗大，
且料理後熱吃、涼吃又是不同滋味，真是有趣。
這道不同於傳統排骨的風味（魚露）排骨你也來試試。

主菜
風味大排骨 P.69
副菜
炒木耳三絲 P.189
蒜片黑胡椒甜豆 P.203

風味大排骨

材料 3 人份

豬肉片…300g（厚片大里肌 3 片）

醃料

蒜泥…1/2 小匙
醬油…1 大匙
魚露…1/2 小匙
白胡椒粉…1/4 小匙
砂糖（二砂）…1 小匙

調味料

中筋或低筋麵粉…適量
油…2 大匙
風味椒鹽…少許（可省略或隨喜好）

作法

1　肉片邊緣白色筋膜以刀切數刀斷筋，再以肉錘均勻拍打（雙面都拍），拍至肉片變薄、變大片（如圖所示）。
2　加入醃料，將醃料與肉片均勻揉合，冷藏醃 1 小時入味。
3　料理前 20 分鐘自冰箱取出退冰，將肉片雙面均勻撒上麵粉，靜置 5 分鐘（待麵粉吸附醃料）。
4　取平底鍋，熱油鍋後將排骨入鍋香煎（中小火）。
5　煎至底部呈金黃色時，翻面續煎（可視情況補油），煎至雙面均呈金黃熟色、筷子可輕易刺穿且不會滲出血水即可起鍋。
6　置於網架上（防底部熱氣回滲）約 5 分鐘，完成。

😋 美味關鍵

- 大里肌部位的油脂較少，口感容易乾硬，故於醃漬前以肉錘拍過可將纖維拍斷，幫助肉質軟化及快速吸收醃料。
- 下鍋前沾一層薄薄的麵粉，可讓排骨香氣更濃郁，且麵衣油煎後的色澤讓人食指大動。

🕐 保存方式

待涼，放入密封保鮮盒（袋）冷藏保存；冷凍則生肉（僅醃肉不煎熟）或熟肉（已煎熟）均可，逐片分裝冷凍保存。

最佳賞味期 妥善冷藏約 3 ～ 4 天，冷凍約 3 週。

醬燒豬便當

擔心五花肉的油脂太過油膩？！請放心試做這道「醬燒豬」料理吧，
將五花肉切成薄片，入鍋乾煎逼出大部分油脂，淋入特調醬油並煮至收汁入味，
起鍋前撒入大把幫助解膩及增色的翠綠蔥花就完成了。
不油不膩，口感驚艷的想再吃一口。副菜則走增加膳食纖維的健康方向，
微酸甜的茄汁雙色甜椒、煮入味的燜煮四季豆與肉末，
兩副菜除了使便當菜色更均衡，另營養更趨完整了。
喜歡「醬燒豬便當」的朋友們，一定要試試。

主菜
醬燒豬 P.71
副菜
茄汁雙色甜椒 P.182
燜煮四季豆與肉末 P.191

醬(燒)豬(

材料 約 3～4 人

五花肉（取油花適中部
位）…300g
青蔥…40g（2 根）

醬汁（預先調勻）

薑泥…1/2 大匙
醬油…2 大匙
米酒…1 大匙
味醂…1 大匙
砂糖（二砂）…1/2 大匙
唐辛子七味粉…1/4 小匙

作法

1. 五花肉冷凍 40 分鐘（方便切片）後，取出切成薄片（厚
   約 0.5cm）；青蔥切成蔥花。
2. 熱鍋（不沾鍋則免熱鍋），將五花肉片入鍋並攤平（讓
   每片肉均能接觸到鍋面），以小火香煎，煎至底部呈金
   黃焦香。
3. 底部煎上色後，整鍋拌炒，炒至肉片幾乎全熟。
4. 倒入醬汁，翻炒均勻後蓋上鍋蓋，以小火燜煮約 3 分鐘
   （中途可掀蓋翻炒，讓醬汁均勻分佈）。
5. 掀蓋，加入蔥花，拌勻即完成。

★ 如果用的五花肉油脂較多，可於步驟1將多餘的脂肪切除，
   讓整體口感爽口些。

😀 美味關鍵

切成薄片的五花肉較方便煎出油脂，盡量將油脂逼出可避免油
膩感，另切薄的豬皮提供Q中帶勁的驚艷口感，亦是這道料理
的美味關鍵之一。

🕐 保存方式

待涼，放入密封保鮮盒中冷藏保存；冷凍則依食用份量分裝冷
凍。

最佳賞味期 妥善冷藏約 5 天；冷凍約 2 週。

照燒大雞腿便當

做便當是件幸福的事。
一週便當預先規劃的好處是，在食材下鍋前幾乎都做好規劃了，
經過洗洗切切、煎煎炒炒，一道道美味的便當料理相繼端出廚房，
井然有序、不疾不徐。
照燒大雞腿可安排週間任何一天，
副菜部分則特地規劃很快就能完成的方便菜，配色好看，
都是愛吃的口味、喜歡的食材。
一個便當滿足了飢腸轆轆的家人或自己，真的挺幸福的

照燒大雞腿

材料 2～3～4 人份

去骨大雞腿排…380g（1 隻）

醃醬

醬油…2 大匙
米酒…1 大匙
味醂…1 大匙
砂糖（二砂）…1 大匙
蒜泥…1/2 小匙
清水…30ml

調味料

油…1 小匙
清水…50ml（隨醬油鹹度微調）
白芝麻…少許

作法

1. 雞腿排切除邊緣多餘油脂，於肉面輕劃數刀斷筋（可防入鍋後遇熱縮小太多）。
2. 加入醃料並均勻的揉捏以幫助入味，揉勻後將肉面朝下，放入冰箱冷藏醃約 1 小時。
3. 開始料理前 30 分鐘，自冰箱取出退冰。
4. 熱油鍋，將雞腿排入鍋香煎（雞皮朝鍋面，醃醬暫不入鍋），以小火慢煎至底部雞皮呈金黃焦香感。
5. 翻面，倒入醃醬及清水 50ml，蓋上鍋蓋以小火燜煮約 10 分鐘。
6. 熄火，不掀蓋續燜 3 至 5 分鐘即可起鍋。
7. 切塊、淋上鍋裡的醬汁及灑入白芝麻，完成。

* 燜煮的時間需依雞腿的厚薄、鍋子的蓄熱性而調整；原則上以小火燜煮至筷子可輕易刺穿雞腿排最厚實的部位，且未滲出血水即代表熟了。
* 裹著醃料的雞腿排入鍋容易燒焦，因此入鍋後，請多加留意火候及翻面時機。

😊 美味關鍵

示範食譜用的是較有口感的放山雞去骨雞腿，經過10幾分鐘的燉煮，其口感仍然Q彈多汁，另建議將鍋中的醬汁保留，與白飯一起享用非常好吃。

🕙 保存方式

待涼，放入密封保鮮盒冷藏保存；冷凍則煎熟後（不用切）整塊裝袋冷凍。

最佳賞味期 妥善冷藏約 5 天；冷凍約 1 個月。

古早味冰糖紅燒肉便當

冰糖使肉甜、燉煮催肉嫩,經過時間的悉心慢燉及等待,
一鍋懷舊感十足的古早味的冰糖紅燒肉,為你幸福上桌!
副菜則為快速完成的家常料理,有長豆、有菇料理,
都是不用花費太多時間即能完成的蔬食副菜;
以油脂豐富的五花肉為主菜,給足量的健康青菜,
一份均衡營養且滿足口欲的手作便當就完成了,挺好。

主菜
古早味冰糖紅燒肉 P.75

副菜
奶油菇 P.204
蒜炒長豆 P.205

古早味冰糖紅燒肉

材料（4 人份）（圖片為成品部分份量）

五花肉⋯1000g
老薑⋯40g
青蔥⋯80g（3 ～ 4 根）

調味料

紅冰糖⋯60g
紹興酒⋯200ml
醬油⋯120ml
清水⋯1000ml

作法

1. 以刀子輕刮豬皮，刮除表層雜質後切大塊（寬約 3cm）；老薑切片、青蔥綁成一束或打結（方便撈起）。
2. 取 24cm 以上的鑄鐵鍋（或蓄熱性佳的厚鍋），將薑片、五花肉入鍋以小火慢炒，翻炒至五花肉的表皮呈現焦香、老薑片香氣釋放。
3. 加入紅冰糖，整鍋翻炒至五花肉上了焦糖色澤。
4. 加入紹興酒、醬油、清水、蔥束，轉中火煮至沸騰，蓋上鍋蓋轉小火燜煮約 50 分鐘～ 1 小時（期間可掀蓋檢視水分）。
5. 關爐火，續燜約 30 分鐘（或放置自然冷卻）即完成。

😋 美味關鍵

- 燉煮前將五花肉表皮先煸炒至金黃焦香感，可讓肉質香氣較足，燉煮時不易散開，且呈盤較美觀。
- 冰糖與五花肉一起拌炒至冰糖融化，五花肉也沾上琥珀糖色後再開始燉煮，是這道料理甜而不膩的美味關鍵。

🕒 保存方式

待涼，撈除軟爛的蔥束，放入密封保鮮盒中冷藏保存；冷凍則依食用份量分裝冷凍。

最佳賞味期 妥善冷藏約 5 天；冷凍約 1 個月。

蒜泥白肉便當

為了吃蒜泥白肉便當，我願意多爬幾趟樓梯（笑）。
蒜泥白肉的做法很簡單，五花肉以辛香料燉煮片刻後，
熄火再燜一會兒就可以起鍋了，
剛起鍋的水煮五花肉熱煙裊裊看起來肥嫩有滋味，等不及的想開動了，
但此時必需得按捺住手中躁動的筷子，因為眼前的這塊肥美五花肉，
得再耐心的放涼，放涼後再切才能切的好看、吃的Q香。
對了，別忘了蒜泥白肉的靈魂配角「特調蒜泥醬」，
用來蘸著吃或淋在肉上大口吃，理想中的蒜泥白肉才算完整呈現。

主菜
蒜泥白肉 P.77
副菜
蒜味胡蘿蔔佐洋蔥 P.184
醬燒豆皮炒韭菜 P.188
水油煮豌豆苗 P.210

蒜泥白肉

材料 4-5人份

五花肉…600g

燜煮材料

薑片…10g
米酒…4 大匙（60ml）
青蔥…30g（2 根）
海鹽…1 小匙

蘸醬

蒜末…20g（約 3 瓣蒜頭）
砂糖（二砂）…1/2 小匙
薄鹽醬油膏…4 大匙
燙肉高湯…1 大匙
烏醋…1 小匙
香油…1 小匙

其他調味料

蔥花（擺盤用）…少許

作法

1. 持刀將豬皮上的雜質輕輕刮除，再以刀尖隨意刺幾刀斷筋（可防下水後卷曲）。
2. 起一鍋水（水量可覆蓋五花肉再多一些），放入全部的「燜煮材料」，中火煮至水滾後放入五花肉，再次煮滾後轉小火，蓋上鍋蓋燜煮 20 分鐘。
3. 關火，不開鍋蓋續燜約 10 分鐘即可取出（燙肉高湯可用於其他料理）。
4. 待冷卻即可切片，淋上「蘸醬」撒入蔥花即可享用。

😃 美味關鍵

- 小火煮一段時間後，關火燜肉，可讓肉質軟嫩，另起鍋後待冷卻再切除較方便切成片，另也較能鎖住肉汁。
- 蘸醬裡的蒜末盡量切碎口感較好，建議可利用市售快速切蒜器或食物調理機將蒜頭攪碎成末，方便又快速。

🕐 保存方式

蘸醬與肉塊（不含高湯）分別放入密封保鮮盒（袋）冷藏保存，享用前再切塊切片淋上蘸醬；冷凍則依食用份量切大塊後分裝冷凍（不含高湯）。

最佳賞味期 妥善冷藏大約 5 天；冷凍 1 個月。

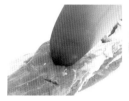

蔥油雞便當

又香又嫩的蔥油雞討人喜愛！
熱吃，蔥肉香氣繚繞齒頰，餘韻猶存；冷吃，口感彈牙蔥味飽爽；
冷熱皆宜的令人一口接一口停不下來。
便當料理不受限，試著讓餐桌上很喜愛的美味菜，
搖身一變成便當菜，例如這道蔥油雞；
對了，自製的蔥油記得另外裝盒唷，享用前再輕輕淋上，
綠油油的蔥花佈滿嫩雞腿的豐盛樣，
吃便當的人一定可以吃的津津有味。

主菜
蔥油雞 P.79
副菜
韭菜肉末蛋卷 P.174
紅燒冬瓜 P.193
海味櫛瓜茭白筍 P.211

蔥油雞

材料（3-4人份）

去骨大雞腿排…310g（1 隻）
（建議選用肉質 Q 彈的仿土雞
或放山雞）

燜煮材料
青蔥…30g（2〜3 根）
老薑…10g
紅蔥頭…15g（6 小瓣）
油…1 大匙

燜煮材料
清水…500ml
紹興酒…200ml
冰糖…1 大匙
白胡椒粒（或白胡椒粉少許）…
1/2 小匙
海鹽…1/2 小匙

蔥油‧拌成一碗
蔥花…20g
海鹽…1/2 小匙
黑胡椒…1/4 小匙
植物油…1 大匙
香油…1 大匙

作法

1. 於去骨雞腿的肉面大致切幾刀（斷筋，可防加熱時縮小太多）、燜煮材料的青蔥切段、老薑切片、紅蔥頭切掉蒂頭。
2. 取蓄熱性佳的湯鍋，將「燜煮材料」入鍋以中小火炒香。
3. 加入「燜煮材料」、去骨雞腿，煮至沸騰後轉小火，蓋上鍋蓋燜煮約 15 分鐘。
4. 熄火，不掀鍋蓋續燜 5 分鐘。
5. 將燜煮完成的骨雞腿取出（湯汁不留用），待涼切塊後加入蔥油，完成。

＊ 裝入便當時先不加蔥油，另以小盒裝妥，待享用時再加入風味絕佳。

😋 美味關鍵
以辛香料及紹興酒所燜煮出的去骨雞腿充滿香氣，口感也很Q彈。請依當下所使用的去骨雞腿大小、品種，彈性微調燜煮時間。

🌀 保存方式
待涼，放入密封保鮮盒中冷藏保存（蔥油分開保存）；冷凍則整塊不切裝袋冷凍（蔥油享用前再調製）。

最佳賞味期 妥善冷藏約 4〜5 天；冷凍 1 個月。

烤蜜汁牛肋條便當

忙了一個早上，午餐時刻打開便當時，
才發現料理界裡的酸甜苦辣，全集合在這個便當盒裡了…

烤蜜汁牛肋條如其名的蜜香濃郁，愈吃愈香。
青苦瓜雖先給些苦，但後韻的回甘大反撲，令人難忘。
醬漬日式水煮蛋經過醬汁一日以上浸潤，美味完封。
酸豇豆又酸又辣開胃不少。
最後，以清新爽甜的水煮玉米筍，為用餐時刻劃下完美的落幕。

酸甜苦辣，生活無限美好，一起安心自在的吃便當吧！

烤蜜汁牛肋條

材料 4人份

牛肋條⋯600g

醃料

蜂蜜⋯2 大匙
醬油⋯1.5 大匙（鹹味較重的醬油則 1 大匙）
蠔油⋯1 大匙
米酒⋯1 大匙
薑泥⋯1/2 小匙
蒜泥⋯1/2 小匙

作法

1. 牛肋條以廚房紙巾吸掉血水，切小段（烤過會縮小許多，因此切大塊一些）。
2. 加入全部醃料，拌勻後冷藏醃一夜（或醃 6 小時以上）。
3. 入烤箱前 20 分鐘，自冰箱取出退冰。
4. 將牛肋條擺入烤盤（底部可墊一張烘焙紙），放入已預熱的烤箱，以攝氏 190 度烤 15 分鐘。
5. 取出，將牛肋條逐一翻面後（順道檢視熟度），續烤約 10 分鐘即完成。

☆ 如擔心牛肋條脂肪過多或邊緣筋膜不易咀嚼，可於料理前修掉一些，清掉部分如果較多，醬油的比例再減少一些即可。
★ 依烤箱的功率、牛肋條的厚度，微調炙烤時間。

- - - - - - - - - -

😋 美味關鍵

以醬汁醃漬一夜的牛肋條入味十足，風味恰似蜜汁牛肉乾，愈吃愈開胃。無油煙、好上手，在家就能輕鬆完成美味的牛肉料理，一起做看看吧。

- - - - - - - - - -

🔵 保存方式

出爐後，趁溫熱時將油脂及水分瀝掉（飽和脂肪冷卻後會凝固，將不易取出），待涼後，放入密封保鮮盒中冷藏保存；冷凍則依食用份量分袋冷凍。

最佳賞味期 妥善冷藏約 5 天；冷凍 1 個月。

蓋飯便當

蓋飯料理説來容易，但也不容易！

將各式食材，以大燴炒的方式烹調而成，完成後海量的平鋪在米飯上，就完成了。過程看似隨興，但其實每一道蓋飯料理都是經過設計的，從如何調味才能下飯，但又不過鹹……到配菜如何搭配才能兼具美味，但不搶蓋飯料理的風采等小細節，都下了些功夫。

本系列的每個蓋飯便當口感都很豐富，其多元的風味及癮味，均來自各食材的巧妙烹調，一層層的堆疊而成，一起做看看，希望你也喜歡。

乾式咖哩蓋飯便當

預計下週工作日滿檔沒空下廚嗎？
想吃咖哩飯，卻又擔心市售咖哩塊熱量太高、缺乏蛋白質及膳食纖維？
跟著食譜炒一鍋營養均衡且下飯的「乾式咖哩」吧！
利用假日準備多一點的份量，平日想吃就吃；
拌飯拌麵都很合宜，搭配省時快炒時蔬或來顆
輕鬆怡然的一餐快速完成！

主菜
乾式咖哩 P.85

副菜
蒜炒時蔬 P.209

乾式拌飯咖哩

材料 4-5 人份

豬絞肉…400g
洋蔥…100g（中型半顆）
黑木耳…100g
蒜頭…3 瓣
熟毛豆仁…50g

辛香料
咖哩粉…2 小匙
薑黃粉…1 小匙
匈牙利紅椒粉…1/4 小匙
月桂葉…3 片

調味料
油…3 大匙
米酒…2 匙
砂糖（二砂）…1.5 小匙
海鹽…1 小匙

作法

1 洋蔥及黑木耳切小丁、蒜頭切成末。
2 熱油鍋，將洋蔥丁及辛香料入鍋，以小火拌炒至洋蔥變軟且上了金黃色澤。
3 絞肉、蒜末入鍋，以中火拌炒至絞肉呈現半熟。
4 加入米酒，翻炒至絞肉全熟且水分幾乎收乾（呈現乾爽狀）。
5 加入熟毛豆及黑木耳，拌炒均勻。
6 以海鹽及砂糖調味後即完成。

😋 美味關鍵

🔸 辛香料（咖哩粉、月桂葉等）及洋蔥以熱油先炒出香氣及甜味，能讓整道料理的底韻渾厚、口感豐富。
🔸 步驟4耐心的將水分炒至收乾，可減少肉腥味，調味料更容易入味。
🔸 市售咖哩粉選擇多樣，不同品牌的咖哩粉所烹調的料理風味將有所差異，建議選用喜愛（或慣用）的咖哩粉來料理本食譜；本食譜使用的咖哩品牌是S&B純天然咖哩粉。

🌀 保存方式

待涼，放入密封保鮮盒中冷藏保存；冷凍則依食用份量分裝冷凍。

最佳賞味期 妥善冷藏約 5 天；冷凍 3 週。

麻婆豆腐蓋飯便當

堪稱白飯殺手前5大的「麻婆豆腐」
當然要將其列入便當主菜清單（打勾勾）！
於假日或閒暇時煮上一鍋備好備滿，
忙碌的平日只要來碗米飯（或麵條）、燙盤青菜就可以開動或備妥隔日便當了，
輕鬆愜意完成一餐，挺好。
私心推薦將「麻婆豆腐」編入「非常忙碌時期」
或「不想下廚時」的超級應援團一員，有了它，
隨時都能快速的享受大口扒飯的用餐樂趣。
省時料理神助手，非它莫屬！

主菜
麻婆豆腐 P.87
副菜
汆燙翠綠球芽甘藍 P.209

麻婆豆腐

材料 5 人份

豬絞肉…400g
板豆腐…300g
老薑…10g
青蔥…2～3 根

煉花椒油材料

植物油…2 大匙
花椒…1 大匙

醬汁（預先調勻）

砂糖（二砂）…1 大匙
辣豆瓣醬…3 大匙
米酒…2 大匙
醬油…2 大匙

其他調味

高湯（或清水）…500ml
花椒粉…1/8 小匙（或隨口味
增減）

勾芡料（太白粉水）

冷水…3 大匙
太白粉…1 大匙

勾芡料用法

冷水與太白粉拌勻後分次倒入
鍋（入鍋後輕輕拌勻），勾芡
的濃稠度可依個人偏好調整，
喜好濃稠的可全部倒入，偏好
微勾芡感的則倒入一半份量即
可（示範圖片為全部加入）。

作法

1. 板豆腐切小塊，以滾水（加少許海鹽）煮 5 分鐘後撈起
鍋，瀝乾水分。
2. 老薑切成末、青蔥切成蔥花。
3. 冷鍋加入植物油及花椒，以小火煸出花椒香氣後取出花
椒＊。
4. 豬絞肉、薑末入鍋，以花椒油拌炒（中火）至豬絞肉水
分收乾（乾爽狀）。
5. 加入醬汁，整鍋翻炒至豬絞肉上醬色。
6. 板豆腐、高湯（或清水）入鍋，拌勻後蓋上鍋蓋以小火
燜煮約 10 分鐘（中途可掀蓋拌勻）。
7. 掀蓋，加入花椒粉拌勻，略煮片刻讓醬汁再濃縮些。
8. 分次加入太白粉水（邊加邊攪拌，直到喜歡的濃稠度為
止）、撒入蔥花，完成。

＊ 花椒勿煸至焦黑，焦黑會產生苦味，另煸炒後的花椒不留
用。

😋 美味關鍵

- 板豆腐以滾水煮過可幫助入味及不易破損，多一道小小工序
即能大大提升整體風味。
- 以冷油煉出花椒油，再以花椒油拌炒的肉末有著淡淡的椒麻
香氣，也是這道料理的美味關鍵。

🕐 保存方式

待涼，放入密封保鮮盒中冷藏保存；冷凍則依食用份量分裝冷
凍。

最佳賞味期 妥善冷藏約 5 天；冷凍約 3 週。

茄汁起司肉醬便當

我常料一大鍋的肉醬,分裝冷凍或冷藏起來想吃就吃,
濃郁入味的茄汁起司肉醬用來拌飯、拌麵、沾麵包都很適合,便利又美味。
副菜中的「煎蛋香櫛瓜」也是我的愛,將脆甜的櫛瓜裹上蛋液後香煎,
煎至金黃、煎至香氣四溢,好吃極了。
另一道副菜「糖醋水果甜椒」的酸甜滋味
則是為了平衡肉醬的濃口而添加,讓整體口味多些清爽及解膩,
甜椒、櫛瓜與肉醬可謂是魚幫水水幫魚,
彼此互補成一個美味又均衡的手作便當。

主菜
茄汁起司肉醬 P.89
副菜
煎蛋香櫛瓜片 P.174
糖醋水果甜椒 P.184

茄汁起司肉醬

材料 3 ～ 4 人份
豬絞肉…300g
牛番茄…170g（小顆 2 顆）
蒜頭…3 瓣
乳酪絲…20g（PIZZA 專用）
新鮮巴西里葉…5g（可省略）

醬汁（預先調勻）
番茄醬…3 大匙
醬油…1.5 大匙
砂糖（二砂）…1 小匙
海鹽…1/4 小匙（隨醬油鹹度微調）
水…100ml

調味料
橄欖油…1 大匙

作法
1. 豬絞肉靜置於廚房紙巾上片刻（吸血水）、番茄切小丁、蒜頭切成末、巴西里切成末。
2. 鍋內倒入油，將豬絞肉、蒜末入鍋，以中小火翻炒，有耐心的翻炒至水分收乾。
3. 加入番茄丁，翻炒至番茄丁變軟。
4. 倒入醬汁，整鍋拌炒至喜歡的醬汁濃度。
5. 加入乳酪絲拌炒至乳酪絲融化。
6. 撒入巴西里，拌勻即完成。

😋 美味關鍵
- 豬絞肉入鍋後，耐心的將水分充份炒乾（呈現乾爽狀）能大幅降低肉腥味、強化肉香，另去腥味後所加入的調味料更能煮入味，底味扎實打穩後，就能享受到豐美肉香。
- 料理前將絞肉靜置於廚房紙巾上，讓廚房紙巾吸些血水再料理，能有效的去肉腥味。

🔄 保存方式
待冷，置於保鮮密封盒中冷藏保存；冷凍則依食用份量分裝冷凍。

最佳賞味期 冷藏約 4 ～ 5 天，冷凍 1 個月。

韓式泡菜豬肉炒年糕蓋飯便當

最愛一鍋炒料理了，
以一鍋炒的隨興烹調法來完成也是最愛的韓式系列料理，
愛上加愛，總是能夠吃的津津有味。
當然得為香辣下飯的一週常備主菜的完美計劃中，
留下一席特別席，
完成後分盒冷藏或冷凍，
心也就安了一大半了。
這是我的定神常備主菜料理，
推薦給也熱愛韓式料理的朋友們。

主菜
韓式泡菜豬肉炒年糕 P.91
副菜
炒香辣白蘿蔔 P.183

韓式泡菜豬肉炒年糕

材料 3 人份

豬肉片…220g（梅花肉）
韓式泡菜…150g（無需特別擠乾泡菜汁液）
雪白菇…1 包（或其他喜愛的菇類）
韓式年糕…170g（15 條）
青蔥…2 根

醃料

泡菜汁…1 大匙
香油…1 小匙
醬油…1 大匙
蒜末…1 瓣
砂糖（二砂）…1 小匙

調味料

油…2 小匙

作法

1. 豬肉片切成適口大小，加入醃料拌勻後靜置醃 10 分鐘入味；韓式年糕以滾水汆燙約 1～2 分鐘（或汆燙至軟）；雪白菇切除蒂頭後掰散；青蔥的蔥白切段、蔥綠切成蔥花。
2. 熱油鍋，將醃妥的豬肉片、蔥白段入鍋翻炒，炒至肉片變成熟色。
3. 加入雪白菇，翻炒至雪白菇變軟。
4. 加入韓式泡菜及燙軟的韓式年糕，整鍋翻炒至年糕上了醬色（可依喜好或口味酌量加入少許泡菜醬汁）。
5. 撒入綠蔥花，拌勻即完成。

😋 美味關鍵

市售韓式泡菜風味多，有的辣勁十足、有的口味偏甜、有的發酵後的酸味較明顯等等，請選一款真心鐘愛的韓式泡菜來料理，讓成品更貼近習慣的口味。

🔄 保存方式

待涼，放入密封保鮮盒中冷藏保存；冷凍則依食用份量分裝冷凍。

最佳賞味期 妥善冷藏約 5 天、冷凍 3 週。

蔥燒炒肉蓋飯便當

炒至乾爽入味的「蔥燒炒肉」用來拌飯或拌飯都很適合，
少了湯湯水水的裝盒困擾，就收起分隔便當盒，改用美美的木質便當盒吧！

於典雅的木質便當盒中，添入適量米飯、香氣滿溢的蔥燒炒肉，
最後再整齊的擺入黑木耳蔥花蛋卷，賞心悅目的手作便當就完成了。

好看又好吃，盡情享受用餐時刻吧！

主菜
蔥燒炒肉 P.92
副菜
黑木耳蔥花蛋卷 P.173

蔥燒炒肉

材料 約 3 人份

豬絞肉…300g
紅蔥頭…4 ～ 5 瓣
蒜頭…4 瓣
青蔥…30g（2 根）
辣椒…10g

調味料
油…1 大匙
醬油…2 大匙
五香粉…1/2 小匙
砂糖（二砂）…1 小匙
清水…100ml

作法

1. 紅蔥頭及蒜頭切末、青蔥切成段（蔥白及蔥綠分開）、辣椒斜切。
2. 熱油鍋，將紅蔥頭末、蒜末入鍋以中小火拌炒至香。
3. 豬絞肉、蒜白段入鍋，拌炒至絞肉全熟、水分收乾（呈現乾爽狀）。
4. 加入醬油、五香粉、砂糖，翻炒至豬絞肉上了醬色。
5. 加入清水、蔥綠段，翻炒蔥綠段變軟即完成。

😋 美味關鍵

豬絞肉入鍋後，耐心的將水分充分炒乾（呈現乾爽狀）能大幅降低肉腥味、強化肉香，另去腥味後所加入的調味料更能煮入味，底味扎實打穩後，即能享受到豐美肉香。

🔖 保存方式

待涼，放入密封保鮮盒中冷藏保存；冷凍則依食用份量分裝冷凍。

最佳賞味期 妥善冷藏約 4 ～ 5 天；冷凍 2 ～ 3 週。

彩蔬燴雞肉蓋飯便當

雖然「彩蔬燴雞肉」需多花些時間來備料，但試著於備料時靜下心來，
聆聽著刀子在砧板上來回咚咚咚的切菜聲響（很可愛的聲音，讓人很放鬆），
經過一陣咚咚切聲，紅甜椒、黃甜椒及杏鮑菇全被切成小丁了，
將它們整齊的擺入備料盤吧，擺整齊後一眼望去，很~療~癒~
可愛又療癒的彩虹料理，一起做看看吧。

主菜
彩蔬燴雞肉 P.95
副菜
快拌芥末籽蜂蜜秋葵 P.211

彩蔬燴雞肉

材料 2 人份

雞胸肉…160g（1 個）
甜椒…共 100g（紅色、黃色各半顆）
杏鮑菇…80g（1 小條）
青蔥…20g（1 支）

醃料

醬油…1 小匙
太白粉…1 小匙
蒜香黑胡椒粉…1/2 小匙（或以少許黑胡椒取代）
蒜泥…1/4 小匙
海鹽…1 小撮（提味用，無需太多）

調味料

油…適量
清水…50ml
海鹽…1/8 小匙
太白粉水．適量（易沉澱，入鍋前再調製）

★ 將冷水及太白粉以3：1的比例調勻，即是太白粉水（勾芡用）。本食譜用的份量是：冷水3小匙+太白粉1小匙。

作法

1 雞胸肉切適口大小塊後加入醃料，拌勻後醃 10 分鐘。
2 甜椒去掉蒂頭及籽囊後切小方塊；杏鮑菇切小丁；青蔥的蔥白切段、蔥綠切成蔥花。
3 熱油鍋，將醃妥的雞胸肉入鍋以中小火香煎，煎至底部焦香時翻面續煎。
4 蔥白段入鍋與雞胸肉一起香煎，煎至雞胸肉以筷子可輕易刺穿，起鍋。
5 原鍋（免洗），再倒入少許油，將甜椒丁及杏鮑菇丁入鍋翻炒至軟。
6 將作法 4 的雞胸肉回鍋，加入清水、海鹽翻炒均勻。
7 太白粉水分次酌量入鍋（一邊拌炒），加至喜歡的湯汁濃稠度為止。
8 加入綠色蔥花即完成。

😀 美味關鍵

◉ 以太白粉抓醃雞胸肉塊，於起鍋前再加少許太白粉水能讓這道料理吃起來滑嫩順口。
◉ 如正在執行飲食控制計劃，可將醃料部分的太白粉改以2大匙清水取代，另最後的勾芡步驟也可省略，稍加調整即是一道健康的低GI料理。

🕙 保存方式

待涼，放入密封保鮮盒中冷藏保存。

最佳賞味期 妥善冷藏約 4～5 天。

蔬菜味噌肉醬蓋飯便當

這個便當我可以一口氣扒光光（笑）~
高麗菜可解豬絞肉的膩，讓這道肉醬大口吃不會覺得有負擔，
另將家庭常備調味料「味噌」及「辣豆瓣醬」一起入鍋烹調，
融合後的風味渾厚迷人，很適合拌著飯或麵一起享用。
烹調方式也很簡便，一鍋到底快速完成有菜有肉的健康主菜；
這週的便當備菜計劃，也將這道健康美味的「蔬菜味噌肉醬」列入清單吧。

主菜
蔬菜味噌肉醬 P.97
副菜
蜂蜜芥末籽炒紅蘿蔔 P.185
配色
蔥絲

蔬菜味噌肉醬

材料 5～6 人份

豬絞肉…600g
高麗菜…200g
蒜頭…2 瓣
青蔥…20g（1 根）

醬汁（預先調勻）
味噌（白味噌）…3 大匙
醬油…1 大匙（隨味噌鹹度微調）
辣豆瓣醬…1 小匙
米酒…1 大匙
味醂…1 大匙
砂糖（二砂）…1 小匙

調味料
油…2 小匙
米酒…1 大匙
薑泥…1/4 小匙
蒜末…2 瓣蒜頭的份量

作法

1 豬絞肉置於廚房紙巾上吸掉血水；高麗菜洗淨後切小塊、蒜頭切末、青蔥切成蔥花。
2 熱油鍋，將豬絞肉入鍋以中小火翻炒至半熟。
3 加入米酒、蒜末及薑泥，翻炒至豬絞肉呈現乾爽狀。
4 高麗菜入鍋，翻炒至軟。
5 倒入醬汁，整鍋翻炒至豬絞肉上色及味道融合。
6 加入蔥花，充分拌勻即完成。

😋 美味關鍵

將豬絞肉的血水以廚房紙巾盡量吸乾、入鍋翻炒時佐入米酒、蒜末、薑泥等去腥食材，最後於翻炒時特別留意將水分炒至蒸發（僅留油的部分），多重去腥步驟均做足了，炒肉末料理就會爽香好吃；摒除了肉腥疑慮，豬絞肉充分吸收各式醬汁，加乘出美味炒肉料理。

◐ 保存方式

待涼，放入密封保鮮盒（袋）中冷藏保存；冷凍則依食用份量分袋冷凍。

最佳賞味期 妥善冷藏約 4～5 天；冷凍約 3 週。

芥末籽洋蔥燒牛蓋飯便當

關於調味料，我常秉持著開放的態度及實驗精神，
大膽的購入各式新調味料，就如「法式芥末籽醬」，一吃就愛上。

法式芥末籽醬的主要原料為：
水、芥末籽、醋、鹽等（有些品牌會加入白酒、糖等調味），
淡雅香酸的多層次香氣，有助於肉類料理的層次再提升，
就如這道「芥末籽洋蔥燒牛」菜色，令人難忘。

如果手邊正好也有「法式芥末籽醬」，
一起跟著食譜做看看吧，相信你也會喜歡的。

主菜
芥末籽洋蔥燒牛 P.99
副菜
蜂蜜芥末籽炒紅蘿蔔 P.185

芥末籽洋蔥燒牛

材料 3 人份

牛肉火鍋肉片（霜降）…200g
洋蔥…150g（中型，半顆）
青蔥…1 根（20g）

醃料	調味料
橄欖油…1 小匙	油…適量
海鹽…1/2 小匙	米酒…1 大匙
黑胡椒…少許	

醬汁（預先調勻）
米酒…1 大匙
醬油…1 大匙
法式芥末籽醬 …1 大匙
蜂蜜…1 小匙

★ 法式芥末籽醬可於各大超市、賣場
   或網購購得。

作法

1　牛肉片置於廚房紙巾上吸掉血水後，切成適口大小，拌入
　　醃料醃 10 分鐘。
2　洋蔥順紋切絲、青蔥切成蔥花。
3　熱油鍋，將洋蔥入鍋以中小火炒至香軟。
4　加入醃妥的牛肉片，轉中火，翻炒均勻（將肉片攤開、撥
　　散）。
5　加入米酒，快速翻炒至牛肉片幾乎全熟。
6　倒入醬汁，煮至上色且略收汁。
7　撒入蔥花（可預留少許蔥花盤飾用）拌勻即完成。

😋 美味關鍵

法式芥末籽醬的口感略帶酸味，其酸香氣味正好可解霜降牛肉的油
膩感，讓本該渾厚重口味的牛肉料理，嚐起來清香爽口。

🕙 保存方式

待涼，放入密封保鮮盒中冷藏保存；冷凍則依食用份量分袋冷凍。

最佳賞味期 冷妥善冷藏約 3～4 天；冷凍約 3 週。

日式洋蔥炒牛肉蓋飯便當

日式洋蔥炒牛肉蓋飯，除了有大份量的嫩口牛肉料理，
另配菜也讓人喜愛有加，果醋與辣椒拌炒而成的醋辣豆芽菜，
酸辣開胃；速燙再速烤的炙烤青花菜，奶香濃郁極了；
美味料理一定來碗炊至Q軟的各式米飯，好吃極了，
飽足又美味，足以媲美日式食堂店的定食，超級有成就感。

感謝一下自己吧，總是這麼用心的烹調各種美食餵飽自己及家人，
不知不覺的，廚藝也一天比一天進步了，
有感於自己帶便當的諸多便利後（健康、省錢、省時），
就再也回不去天天訂便當了。

真心喜自己帶的便當，真心的謝謝自己（笑）。

主菜
日式洋蔥炒牛肉 P.100
副菜
醋辣豆芽 P.213
焗烤青花菜 P.213

日式洋蔥炒牛肉

材料 2~3 份

牛里肌肉片…200g
洋蔥…100g（半顆）
青蔥…10g（1 小根）

醃料
醬油…1 大匙
味醂…2 小匙
米酒…1 小匙
砂糖（二砂）…1 小匙
薑泥…1/2 小匙

調味料
油…1 大匙
海鹽…1/8 小匙（隨醬油鹹度微調）
唐辛子七味粉…隨口味

作法

1. 牛肉片切成適口大小片、洋蔥順紋切絲、青蔥切成蔥花。
2. 將牛里肌肉片、洋蔥、醃料，全部拌勻後靜置 10 分鐘。
3. 熱油鍋，將作法2入鍋，以中火快炒，炒至牛肉片變成熟色、洋蔥變軟。
4. 試一下味道，以少許海鹽調整鹹味。
5. 加入蔥花，拌勻。
6. 加入少許唐辛子七味粉，拌勻後即完成。

😄 美味關鍵

醃料中的薑泥能去牛肉片腥味，味醂及砂糖能帶出整體出色的甘甜味，另洋蔥以順紋切絲，讓口感呈現微辛嗆，甘甜遇上辛嗆，在口中融合出讓人想一吃再吃的欲望。

🔵 保存方式

待涼，放入密封保鮮盒中冷藏保存；冷凍則依食用份量分裝冷凍。

最佳賞味期 妥善冷藏約 4～5 天；冷凍約 3 週。

人氣定番
可愛肉卷系

肉卷的作法千百款，舉凡是喜歡或適合的食材，均可嘗試捲入肉卷中，在無限創意的自由發揮下，肉卷料理常能帶來意想不到的美味，有時還會附贈驚艷眼球的切面秀呢！

對了，這些年的捲肉卷經驗讓我不得不承認，每當清冰箱那天也是做肉卷的好時機哦，將冷藏室裡的零星食材集合後，依食材特性捲入肉卷裡，再以精心調製的各式醬汁煮至入味（或市售醬料也可以）就完成了，整段料理過程就像施展魔法一樣，原本冰箱角落裡暗淡無光的瑣碎食材，咻一聲地華麗變身為美味料理，美妙極了。

可愛又討喜的肉卷料理在等你，今天要捲入什麼食材呢？

杏鮑菇五花肉卷

做法簡單、調味也是！
醣分很低的「杏鮑菇五花肉卷」很適合減醣者的平日備餐，
就多捲幾卷冷藏備著吧；調味單純、全形食物所組成「杏鮑菇五花肉卷」
對於健康飲食者也非常友善，只要再搭配蔬菜、蛋白質及全穀雜糧，
就是優質又健康的一餐。

材料 為 2 人份（可做 8 條）

杏鮑菇…130g（4 小條）
五花肉片…100g（8 片）

調味料

黑胡椒…適量
海鹽…適量
蒜香黑胡椒粉…適量（可省略或以蒜粉取代）

作法

1. 杏鮑菇縱向對切，一分為二。

2. 五花肉片攤平，於肉片上放入對切後的杏鮑菇，均勻的撒入少許黑胡椒及海鹽後捲起（捲妥後輕輕捏緊，使肉片與杏鮑菇緊密黏合），最後於肉卷表面再輕撒少許黑胡椒及海鹽

3. 熱鍋（免入油，不沾鍋則免熱鍋），將肉卷入鍋乾煎（肉片的接合處朝鍋底先煎）。

4. 煎至底部定形且呈金黃色，翻面續煎，煎至各面均呈現焦香、肉片全熟，起鍋。

5. 盛盤，撒入少許蒜香黑胡椒粉即完成。

😋 美味關鍵

五花肉片的油脂豐沛，因此全程無需額外加油，以熱鍋將油脂充分融出，再以融出的油脂主動將肉卷煎至焦香，如此做法（以肉片的油來煎肉卷）能讓整體口感香潤爽口不油膩，不油不膩的五花肉卷，自然好吃。

🕐 保存方式

待涼，以保鮮盒妥善冷藏保存。

最佳賞味期 妥善冷藏約 2～3 天。

番茄塊肉卷

想體驗又驚又喜的飲食經驗嗎？
看似一塊普通的豬肉卷，
結果一口咬下時，香甜的番茄汁及果肉在口腔裡整個迸開來，
太驚艷了、太好吃了！
一起來試做看看，趁熱吃、留心燙口，
祝你也有一個愉快的享用經驗。

材料 2 人份

牛番茄…110g（小顆 1 顆）
豬里肌肉片…130g（8 片）
海苔粉…少許（可省略）

醬料（預先調勻）

醬油…2 小匙
番茄醬…2 小匙
味醂…2 小匙

作法

1. 番茄洗淨後切成塊。
2. 肉片攤平，將番茄塊置於肉片上包起，包妥後輕輕捏緊，使番茄及肉片緊密黏合。
3. 烤盤墊一張鋁箔紙（或烘焙紙），將番茄塊肉卷擺入後，均勻的刷上醬汁。
4. 將作法 3 放入以攝氏 180 預熱完成的烤箱中，約烤 15 分鐘。
5. 取出，再均勻的刷上醬汁後，翻面續烤 15 分鐘即完成。
6. 盛盤，撒上海苔粉即可享用。

※ 依烤箱功率微調炙烤及預熱時間。

😊 美味關鍵

新鮮番茄可解豬肉的膩口感，而醬料裡的番茄醬及味醂則可提升甜味及去腥，因此，番茄塊肉卷除了擁有可愛的外型，酸甜耐吃且風味極佳。

🔵 保存方式

待涼，以密封保鮮盒妥善冷藏保存。

最佳賞味期 妥善冷藏約 3 天。

蔬菜牛肉卷

來一捲配色頗可愛的蔬菜牛肉卷。
黃的綠的，看起來精神飽滿，活力十足。
建議將「蔬菜牛肉卷」安排在一週的首日便當菜色中，
除了因為水蓮趁新鮮吃最為脆嫩好吃外，
另美麗的配色很有療癒效果，有效打擊收假後的疲憊感，
心情輕鬆了，也就一口接一口的停不下來了。

材料 3～4 人份
牛肉片…170g（火鍋肉片 10 片）
水蓮…70g（1 束）
玉米筍…60g（5 根）

醬汁（預先調勻）
醬油…1 大匙
番茄醬…2 大匙
米酒…2 大匙
薑泥…1/4 小匙

調味料
油…2 小匙

作法

1 水蓮切除蒂頭後切段（長度約等同牛肉片的縱向寬度）、玉米筍縱向對切。

2 起一鍋滾水（水量可覆蓋玉米筍），將玉米筍入鍋汆燙約 1 分鐘後撈起鍋，放涼。

3 牛肉片縱向攤平，於下方擺入適量水蓮、剖半的玉米筍，捲起（盡量捲緊）。

4 熱油鍋，將牛肉卷入鍋（接合處朝鍋面先煎）以中小火香煎。

5 煎至底部定形後，翻面續煎至肉片全熟。

6 倒入醬汁，煮至收汁且上色，起鍋。

7 略放涼，切成適口大小即完成。

※ 香煎時可多次翻面，讓肉卷均勻的沾裹醬汁。

😋 **美味關鍵**

● 水蓮的爽脆口感有助解膩，肉卷沾附著微酸甜醬汁增添獨特滋味，是道令人想一口接一口的美味料理。

● 捲入的食材可依喜好或搭配當季食材，是一道可彈性變化的家常肉卷料理。

🕐 **保存方式**

待涼，放入密封保鮮盒中冷藏保存。

最佳賞味期 妥善冷藏約 2 天。

蜜汁南瓜肉卷

鬆軟的南瓜被沾著蜜汁的肉片包裹著，經過烹調後醬汁入味、
肉片與南瓜也緊密合為一體，享用的瞬間，
一股甜蜜的滋味在口中散發開來，很滿足、很幸福。

「蜜汁南瓜肉卷」除了滋味討人喜歡，其可愛造型也很吸引食客的目光，
儘管是放入便當當成主菜或是端上餐桌，都很能奪人眼目。

材料 2人份

豬里肌火鍋肉片⋯160g（10 片）
南瓜⋯230g
白芝麻⋯少許

醬汁（預先調勻）

醬油⋯2 大匙
味醂⋯1 大匙
蜂蜜⋯1 小匙

調味料

油⋯2 小匙

作法

1. 南瓜切成 10 等分（長寬可配合肉片的大小），每等份厚度約為
   1.5cm，擺放於微波盤上，以強火微波約 1 ～ 2 分鐘，取出略
   放涼。
2. 每片豬肉片捲入一片微波過南瓜片，捲緊。
3. 熱油鍋，將南瓜肉卷入鍋（接縫處朝鍋底先煎）以小火香煎，煎
   至底部定形且呈金黃色，翻面續煎至肉片全熟。
4. 倒入醬汁煮至收汁，同時來回翻面幫助肉卷上色，起鍋。
5. 盛盤後，加入少許白芝麻即完成。

※ 微波的時間依微波爐功率、南瓜品種及所切的厚薄度而有所不同，原
  則上請加熱至南瓜片微軟即可，另可依個人喜好決定南瓜是否去皮。

😋 美味關鍵

南瓜切片後以微波爐微波至軟再捲入肉片中，可節省很多料理時間，肉
片也不會因為配合南瓜煮熟的時間，導致燜煮太久變得柴口。

🔵 保存方式

待涼，放入密封保鮮盒中冷藏保存；冷凍依食用份量分裝冷凍約2週。

最佳賞味期 妥善冷藏約 4 ～ 5 天；冷凍 1 個月。

醬燒金針菇肉卷

當對肉卷料理無任何想法時，試試捲入金針菇吧，絕對不會錯的！
金針菇特有的滑溜口感，能讓肉卷吃起來很順口，
且讓油脂量較低的里肌肉片不乾柴，
另外起鍋前再以醬汁煮至收汁，金針菇肉卷的風味就更具層次感了。
唯需特別留意的是，享用前請切成適口大小，
一口一小塊的切妥，金針菇較難咬斷的困擾就迎刃而解了。

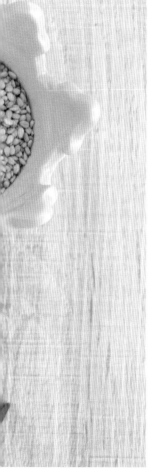

材料 3 人份

豬里肌火鍋肉片⋯180g（12 片）
金針菇⋯1 包
白芝麻⋯少許

調味料

黑胡椒⋯少許
油⋯1 大匙

醬汁（預先調勻）

鰹魚醬油⋯3 大匙
味醂⋯1 大匙
砂糖（二砂）⋯1/2 小匙
海鹽⋯1/8 小匙（隨鰹魚醬油的鹹度微調整）

作法

1. 金針菇切掉蒂頭，掰散後分成 12 等份。
2. 每片豬肉片的 1/3 處放一份金針菇，均勻的撒入少許黑胡椒，捲起（儘量捲緊）。
3. 平底鍋熱油鍋後，將肉卷入鍋以中小火香煎（接縫處朝鍋底先煎）。
4. 底部煎至金黃焦色且定形，翻面續煎至全部肉片轉成熟色。
5. 倒入醬汁（來回翻動肉卷，幫助上色），煮至收汁即可起鍋。
6. 盛盤，撒入白芝麻後切塊享用。

😋 美味關鍵

金針菇肉卷剛入鍋時，在底部未呈金黃色及定形前不輕易翻動，除可防肉卷散開、保住肉汁，另肉片煎至金黃褐色時所產生梅納反應，更是這道肉卷的美味關鍵。

🕐 保存方式

待涼，放入密封保鮮盒中冷藏保存。

最佳賞味期 妥善冷藏約 3 ～ 4 天。

人氣定番
美味漢堡肉餅系

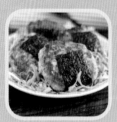

來做漢堡肉餅吧，美味的漢堡肉餅很能引起食欲，令人百吃不膩。

以前，每當便當裡有漢堡肉餅時，心裡總會有一股濃烈的幸福感，一邊吃一邊想著，做漢堡肉餅的人，一定是很認真的在做這份漢堡肉餅吧，才能讓享用的人有著如此滿足及幸福的感受。

自己做便當後，成了捏塑漢堡肉餅的那個人，才發現，原來不止是吃漢堡肉餅的人覺得幸福，其實在料理的當下，自己對漢堡肉餅的那份用心，及期待與家人分享成品的過程，也是滿滿的幸福。

各式各樣的美味漢堡肉餅起鍋了，閃著油光、冒著白煙，似乎正在說著：很好吃哦，請盡請享用吧！

紹興酒風味豬肉堡

紹興酒獨特的風味，讓這道豬肉堡的香氣更為迷人及突出了。
分散在肉堡中的細碎板豆腐，吸取了飽滿酒香及肉汁，
讓每一口都是香氣四溢、令人驚艷。
先別急著吞下肚，再細細咀嚼一會兒，紹興酒的酒香、豆腐的豆香、
肉餡香及海苔香全部在口中漫延開來，滿足。

我想，令人印象深刻的肉堡，就屬這道「紹興酒風味豬肉堡」莫屬了。

材料 2人份

豬絞肉…180g
洋蔥…50g
板豆腐…100g
海苔…4小片

醃料

紹興酒…2小匙
醬油…1小匙
香油…1小匙
海鹽…1/2小匙

調味料

油…1大匙

作法

1. 洋蔥切成小丁；板豆腐以廚房紙巾包起，吸掉些許水分後搗碎（或捏碎）；豬絞肉底部墊一張廚房紙巾吸掉血水。

2. 將洋蔥丁、搗碎板豆腐、豬絞肉、醃料，全部一起拌勻，拌至肉餡出現黏性（筋性）。

3. 將肉餡大致分成4等份，每等份塑成肉堡狀後於側邊貼上一片海苔（如圖），靜置片刻，讓海苔吸收肉汁後，緊黏於肉堡上。

4. 起油鍋，將肉堡入鍋以小火香煎，煎至底部呈金黃且定形。

5. 翻面，蓋上鍋蓋再燜煎2～3分鐘至全熟 後即可起鍋。

6. 靜置於瀝油盤（或網架）約5分鐘，完成。

* 肉堡呈現紮實且有膨脹感時，持筷子輕刺肉堡，如孔洞流出透明肉汁即代表幾乎全熟了。

⊖ 美味關鍵

紹興酒風味獨特，於肉餡中添加少許，即有畫龍點睛、增加口感層次的極好效果，但如果不習慣紹興酒氣味，可改用一般料酒也是可以的。

◐ 保存方式

煎熟待涼，放入密封保鮮盒（袋）冷藏保存；冷凍則可以「生料」或「熟料」裝妥冷凍。

生料：拌入醃料後，放入保鮮袋冷凍（餡料攤平），於料理前1天移至冷藏退冰，退冰後拌勻整形，貼上海苔後入鍋煎熟。

熟料：煎熟後依食用份量分裝冷凍，享用前1天移至冷藏退冰，覆熱享用。

最佳賞味期 妥善冷藏約5天；冷凍1個月。

豌豆苗雞肉餅

某日做雞肉餅時，嚐試加入從未試過的食材-豌豆苗，
驚訝的發現，豌豆苗的菜味雖濃，但做成肉餅後的口感淡雅清香很獨特。

看似無關緊要的小食材，卻是香氣的主要來源。

豌豆苗雞肉餅也很適合做成便當常備菜，完成後妥善冷藏，
近日內享用其風味及嫩綠感依然極佳，你也來試做看看！

材料 3 人份

雞胸肉…300g
豌豆苗…70g

醃料

薄鹽油膏…1 大匙（或蠔油 1 大匙）
白胡椒粉…1/4 小匙
海鹽…1/2 小匙
香油…1 小匙

調味料

油…1 大匙

作法

1. 雞胸肉以食物調理機攪碎成絞肉、豌豆苗洗淨後切碎。
2. 將雞絞肉、豌豆苗、醃料，一起攪拌均勻，拌至肉餡出現黏性（筋性）為止。
3. 肉餡分成 10 等份，每等份於掌心來回拋甩 ，整形成肉餅。
4. 熱油鍋（平底鍋），將肉餅一一入鍋，以小火慢煎至底部呈金黃色。
5. 翻面，續煎至肉餅全熟 起鍋。
6. 起鍋後置於網架上片刻，待鎖肉汁後即完成。

* 肉餡於雙手掌心來回拋甩，可將肉餡裡的空氣拍出，增加肉餅彈性口感。
* 肉餅呈現紮實且有膨脹感時，持筷子輕刺肉餅，如孔洞流出透明肉汁即代表幾乎全熟了。

😊 美味關鍵

豌豆苗葉嫩味清香，與低脂雞絞肉一起料理成肉餅，營養又健康，濃郁的香氣為雞肉餅帶來不同以往的風味。

🕐 保存方式

煎熟待涼，放入密封保鮮盒（袋）冷藏保存；冷凍則可以「生料」或「熟料」裝妥冷凍。

生料：拌入醃料後，放入保鮮袋冷凍（餡料攤平），於料理前1天移至冷藏退冰，退冰後拌勻整形，入鍋煎熟(或烤熟)。

熟料：煎熟後依食用份量分裝冷凍，享用前1天移至冷藏退冰，覆熱享用。

最佳賞味期 妥善冷藏約 4～5 天；冷凍約 3 週。

彩色肉堡

做肉堡（肉餅）料理對我來說，是件非常紓壓及有趣的事；
將各式食材依喜好或當下條件，隨心所欲的多做一些，冷藏或冷凍備著，
方便又美味。

每次肉堡完成後，我都會將食譜及口感記錄下來，
待下回想再吃的時候，可對照著食譜再做一次，
但…通常下回總是心血來潮的改變做法或更換食材（笑）。
保持食譜彈性，可大大增加烹飪樂趣，因此，做千變萬化的肉堡時，總是
這麼有趣。

材料 3 人份

豬絞肉…300g
甜椒（紅色＋黃色）…共 70g
青蔥…10g（1 根）

醃料

醬油…1 大匙
砂糖（二砂）…1 小匙
蒜泥…1/4 小匙
豆蔻粉…1/4 小匙
海鹽…少許（隨醬油鹹度微調整）

調味料

油…1 小匙

作法

1. 豬絞肉以置於廚房紙巾上，吸掉血水、甜椒切小丁、青蔥切成蔥花。
2. 將豬絞肉、甜椒丁、蔥花、醃料一起拌均，拌至肉餡出現黏性（筋性）為止。
3. 肉餡分成 10 等份，每等份於掌心來回拋甩　，整形成肉餅形。
4. 熱油鍋（平底鍋），將肉餅一一入鍋，以小火慢煎至底部呈金黃色。
5. 翻面，續煎至全熟　起鍋。
6. 起鍋後靜置片刻，完成。

* 肉餡於掌心間來回拋甩，可將肉餡裡的空氣拍出，能增加肉餅的彈性口感。
* 肉餅呈現紮實且有膨脹感時，持筷子輕刺肉餅，如孔洞流出透明肉汁即代表幾乎全熟了。

😋 美味關鍵

豬絞肉以廚房紙巾吸掉血水，可去除肉腥味，幫助醃料入味，雙色甜椒則可增加色澤及清甜口感，每個細小環節，都是這道彩色肉堡的美味關鍵。

🗂 保存方式

煎熟後待涼，放入密封保鮮盒（袋）冷藏保存；冷凍可「生肉餡」整份冷凍，或「煎熟後」依食用份量分裝冷凍。

* 生肉餡料理法：餡料退冰後攪拌均勻，塑成小肉堡狀後入鍋煎熟（或烤熟）。

最佳賞味期 妥善冷藏約 4～5 天；冷凍約 3 週。

蔬菜起司雞肉堡

百變的雞肉堡料理，常為料理生活帶來驚喜感，鹹香酸辣任君調配，只要調出的味道是自己喜歡的或家人熱愛的，就是全世界最可口的好肉餅。

「蔬菜起司雞肉堡」裡的高麗菜特別殺青過，
借由鹽分將高麗菜多餘的水分排出，保留了最純粹的清爽與脆度，
與雞絞肉、乳酪絲等材料一起做成肉堡，口感濃郁，
整體的香氣也很融合，低脂雞絞肉、微脆蔬菜口感、淡淡的起司奶香，
吃一口全部享有，幸福萬分。

材料 2　3 人份

雞胸肉…200g
高麗菜…200g

殺青材料

海鹽…1 小匙

醃料

乳酪絲…30g
蛋黃…1 顆
義大利綜合香料（無鹽）…1 小匙
黑胡椒（粗粒）…1/4 小匙
海鹽…1/4 小匙

調味料

油…適量

作法

1. 雞胸肉以食物調理機攪成絞肉（或以刀切碎）。
2. 高麗菜切碎，加入 1 小匙海鹽輕輕搓揉後，靜置約 10 分鐘，擰乾高麗菜釋出的水分，完成殺青。
3. 將雞絞肉、殺青後的高麗菜、醃料，全部一起攪拌均勻，拌至肉餡出現黏性（筋性）為止。
4. 將肉餡分成 8 等份，每等份於掌心來回拋甩，整形成小肉堡狀。
5. 熱油鍋（平底鍋），將肉堡一一入鍋，以小火慢煎至底部呈金黃色。
6. 翻面，續煎至全熟。起鍋（起鍋前將肉堡的側邊也煎一下，可鎖住更多肉汁）。
7. 起鍋後置於網架上片刻，待鎖肉汁後即完成。

- 肉餡於掌心間來回拋甩，可將肉餡裡的空氣拍出，能增加肉餅的彈性口感。
- 肉餅呈現紮實且有膨脹感時，持筷子輕刺肉餅，如孔洞流出透明肉汁即代表幾乎全熟了。

⊖ 美味關鍵

高麗菜以海鹽搓揉殺青，可排出多餘的水分，增加高麗菜的鮮甜及爽脆口感，與雞絞肉及起司等醃料一起做成肉堡，風味絕佳。

◎ 保存方式

煎熟後待涼，放入密封保鮮盒（袋）冷藏保存；冷凍可「生肉餡」整份冷凍，或「煎熟後」依食用份量分裝冷凍。

- 生肉餡料理法：餡料退冰後攪拌均勻，塑成小肉堡狀後入鍋煎熟（或烤熟）。

最佳賞味期 妥善冷藏約 4～5 天；冷凍約 3 週。

韓式泡菜年糕肉堡

圓圓胖胖的韓式泡菜年糕肉堡，一上桌就成了眾所矚目的主角，
樣貌可愛極了，讓人忍不住想要大快朵頤，品嚐滋味。

利用味道濃郁的韓式泡菜及乳酪絲的迷人奶香，將餡料的美味基底打穩打滿，
另質地Q軟的韓式年糕，稀釋了韓式泡菜的鹽分，讓整體風味更均衡，更有層次。

對了，如果希望口感清爽減點熱量，將豬絞肉比例降低些，補些雞絞肉、加些洋
蔥丁也很可以，隨興變化的好吃肉堡，你也來做看看。

材料（4人份）

豬絞肉…200g
洋蔥…30g
韓式年糕…138g（12小條）
韓式泡菜（擠掉汁液）…50g
青蔥…20g（1株）

醃料

醬油…1大匙
砂糖…1小匙
乳酪絲…10g（PIZZA專用）

調味料

唐辛子七味粉…少許
洋香菜葉（乾燥）…少許

作法

1. 洋蔥切小丁、青蔥切成蔥花、韓式泡菜大致切碎、韓式年糕如果是冷凍狀態，則先退冰。
2. 將豬絞肉、洋蔥丁、蔥花、韓式泡菜、醃料，全部拌在一起，拌至餡料產生黏性為止。
3. 肉餡大致分成12等份，每一等份肉餡包入一小條韓式年糕（如圖），儘量包緊。
4. 將作法3擺入墊了鋁箔紙（或烘焙紙）的烤盤上，放入已預熱的烤箱裡，以攝氏200度烤約15分鐘後，翻面，再烤5分鐘即可出爐。
5. 盛盤後，撒入少許唐辛子七味粉、洋香菜葉即完成。

※ 烤箱的預熱及炙烤時間，請依自家烤箱功率微調整。

☺ 美味關鍵

韓式泡菜與起司兩者風味極為搭配，於肉餡裡特別添加少許泡菜汁，讓整體口感有層次感，與Q軟韓式年糕一起享用，好吃極了。

◐ 保存方式

待涼，放入密封保鮮盒中冷藏保存；冷凍則依食用份量分裝冷凍。

最佳賞味期 妥善冷藏約3～4天；冷凍3週。

人氣定番
常備營養牛腱肉

人氣定番系列料理中，私心推薦「常備營養牛腱肉」是我很喜愛的定番方便菜之一。

為什麼叫它方便菜，明明燉煮及備料都需費些時間?!

你也放心做看看吧，就可以體會且認同了，當冰箱裡冰著已燉煮至Q軟的牛腱肉，任你直接蘸醬吃或做些變化再吃，一切是這麼的隨心所欲，三兩下就能端上桌或當成便主菜，方便極了。

在忙碌的工作日，下班回家後能品嚐著自己做的牛腱肉料理，是件多麼棒、多麼有成就感的日常小確幸，當然要推薦給大家。

常備清燉嫩牛腱

燉一鍋清爽Q彈的牛腱肉吧！

假日備餐最適合燉一鍋肉品了，我的流程大致是這樣的，
當一進廚房開始備餐的第一道料理，一定留給需要點時間燉煮的肉品，
其中這道清燉牛腱就是鐘愛肉品之一，只需將食材備妥後入鍋，
剩下的就交給時間吧，有耐心的以小火慢燉，就對了。

在牛腱燉煮的同時，安心的準備其他料理吧，約莫1個多小時，
牛腱燉好後，一週的常備主菜也幾乎都完成，是有效率的備餐流程，
推薦給你。

材料

牛腱（澳洲）…500g
老薑…20g
青蔥…35g（1~2 根）
料理米酒…50ml

辛香料

八角…1 個
月桂葉…3 片
花椒粒…1/2 大匙（或隨口味）

作法

1 牛腱切除邊緣多餘油脂、青蔥洗淨後打結（或綁成一束）、老薑切片備用。
2 起一大鍋水（水量足以覆蓋牛腱），將牛腱 、青蔥、全部辛香料放入鍋中，以中火煮至沸騰（水面如有浮渣則撈出）。

3 沸騰後轉小火（瓦斯爐外圈小火），蓋上鍋蓋燜煮約 1 小時（使用鑄鐵鍋則煮 50 分鐘）。
4 關爐火，續燜 1.5 小時後將牛腱撈起鍋。
5 待涼切片，佐以各式蘸醬享用。

＊ 本食譜無調味，適合搭配各式喜愛的醬料享用，另湯汁取出辛香料後可再利用（煮麵或煮湯時當成湯底）。
＊ 如果手邊的鍋子深度不夠深，可將牛腱對切，以符合鍋子深度。

◎ 美味關鍵

以小火燜煮的牛腱軟嫩好吃，完成後可直接切片，加入偏好的醬料享用，也可隨興調味，將牛腱肉變成各式創意料理。

◎ 保存方式

▦ 取出蔥、薑、辛香料後，將牛腱與湯汁一起放入密封盒（袋）中冷藏保存。
▦ 每次以乾淨的餐具夾取，切取適當的份量後，盡速將剩餘的牛腱浸回湯汁中，繼續冷藏保存。

最佳賞味期 妥善冷藏約 4~5 天、冷凍（不含湯汁）約可保存 1 個月。

麻香牛腱炒高麗菜

「麻香牛腱炒高麗菜」一年四季都很適合料理，夏天吃很開胃，
冬天吃則可快速補充能量。

牛腱肉嫩口無比、高麗菜很脆甜，兩樣食材互搭很對味，
當然也少不了辛香料的幫襯，花椒的香氣十足淡雅，
讓人吃後麻香猶存，蒜末及乾辣椒則紮實的打穩基底韻味，非常好吃。

材料

常備清燉嫩牛腱…180g（作法請見 P.129）
高麗菜…200g
蒜頭…2 瓣
乾辣椒…3 小條

調味料

油…2 大匙
海鹽…1/2 小匙
花椒粉…1/4 小匙（或隨口味增減）
香油…1/2 小匙

作法

1　常備清燉嫩牛腱切片、高麗菜洗淨後切小塊、蒜頭切成蒜末、乾辣椒以剪頭剪小段。
2　熱油鍋，將蒜末、乾辣椒入鍋以小火炒香。
3　常備清燉嫩牛腱入鍋，以中小火翻炒至香氣飄出。
4　加入高麗菜，拌炒至軟（或喜歡的熟度）。
5　以花椒粉、海鹽、香油調味，整鍋拌勻後即完成。

😀 美味關鍵

蒜末及乾辣椒以熱油先煸香，可增加料理的多層次口感，另起鍋前以少許花椒粉味，能為口感帶來些許椒麻香氣，搭配嫩牛腱、甜高麗菜，好吃極了。

🕐 保存方式

待涼，放入密封保鮮盒中冷藏保存。

最佳賞味期 妥善冷藏約 3 ～ 4 天。

蔥蛋炒牛腱

香氣是鹹中帶甜、口感是嫩中帶香，
這是我對這道「蔥蛋炒牛腱」的完美印象。

很喜歡「蔥蛋炒牛腱」豐富的口感及所帶來的各項滿足，
更喜歡的是，它的料理步驟很簡單，只需將食材分次料理，
依序堆疊香氣，最後再以醬汁當成橋梁，
將全部的食材集合在一起就完成了。
這是我很常做的一道家常菜，希望你也會喜歡。

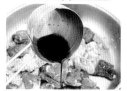

材料 3 人份

常備清燉嫩牛腱…160g（作法請見 P.129）
青蔥…20g（1 根）
雞蛋…3 顆
蒜頭…3 瓣

蛋液調味料

海鹽…1/8 小匙或 1 小撮（提味用無需太多）

醬汁（預先調勻）

醬油…1 大匙（重口味醬油則 2 小匙）
米酒…1 大匙
香油…1 小匙
砂糖（二砂）…1/2 小匙

調味料

油…2 小匙＋ 1 大匙（分次入鍋）

作法

1 常備清燉嫩牛腱切片；蒜頭切成蒜片；青蔥切成蔥花後，
　與雞蛋、海鹽一起拌成蔥花蛋液（可保留少許蔥花，盤飾
　用）。

2 鍋內倒入 2 小匙油，將蔥花蛋液入鍋以中小火煎至略凝
　固，以鍋鏟來回輕推蔥花蛋液半熟時起鍋。

3 原鍋再加入 1 大匙油，將蒜片入鍋煎香。

4 加入常備清燉嫩牛腱，翻炒至香氣四溢。

5 加入作法2的半熟蔥蛋、醬汁，輕輕拌炒（防蔥蛋炒太散）
　至蔥蛋全熟即完成。

6 盛盤，以少許蔥花裝飾即完成（可省略）。

😊 **美味關鍵**

蔥花蛋入鍋時不急著翻炒，待蛋液略凝固時再以鍋鏟輕推至半熟
即起鍋，不過度翻炒的蔥花蛋口感很嫩，且呈現大塊狀的蔥蛋於
盛盤時較有美味感。

🌀 **保存方式**

待涼，放入密封保鮮盒中冷藏保存。

最佳賞味期 妥善冷藏約 3 ～ 4 天。

辣炒鳳梨牛腱肉

辣勁十足、配色看起來很可口的「辣炒鳳梨牛腱肉」
是帶便當的好料理，好吃又好看。

不得不提一下這道美味料理的大功臣「鳳梨」。
鳳梨的酸甜將辣味層次提升至更高級，辣中帶著果香甜味，
且鳳梨的酵素亦能軟化牛腱肉，讓本來就很嫩口的牛腱肉嫩上加嫩。
鳳梨搭配著嫩腱肉一起品嚐，嫩、香、辣、甜一口就全滿足了，
喜歡香辣料理的人，一定要試試看！

材料 3人份

常備清燉嫩牛腱⋯180g（做法詳見 P.129）
新鮮鳳梨⋯100g
嫩薑⋯8g
辣椒⋯8g

調味料

油⋯1 大匙
辣豆瓣醬⋯1 大匙
清水⋯50ml

作法

1 常備清燉嫩牛腱切片、鳳梨也切片、嫩薑切絲、辣椒斜切。
2 熱油鍋，將嫩薑入鍋以中小火炒香。
3 常備清燉嫩牛腱入鍋拌炒，炒至香軟。
4 加入辣豆瓣醬，拌炒至入味及香氣四溢。
5 加入鳳梨、辣椒、清水，整鍋拌炒至略收汁即完成。

● 美味關鍵

⬤ 以辣豆瓣醬、新鮮鳳梨來料理牛腱肉很適合，香中帶辣且微甜，非常下飯。

⬤ 市售辣豆瓣醬風味差異頗大，請選購喜愛或習慣的辣豆瓣醬來料理，於拌炒的過程中試一下味道，太鹹再加少許清水、太淡則補些辣豆瓣醬即可（本食譜用的是李錦記辣豆瓣醬）。

● 保存方式

待涼，放入密封保鮮盒中冷藏保存。

最佳賞味期 妥善冷藏約 4～5 天。

牛腱炒時蔬

想要大口吃肉，同時大量攝取蔬菜時，就為自己準備這道牛腱炒時蔬吧！

將預先備妥的清燉牛腱肉與各式水煮蔬菜一起入鍋拌炒，
經過簡易調味後就完成了，牛腱肉又香又嫩、蔬菜味道也鮮甜，
兩者相互襯托飽口好吃，更棒的是，想要肉多或菜多，
均可隨心調整，方便極了。

材料 3人份

常備清燉嫩牛腱…200g（作法請見 P.129）
青花菜…100g
紅蘿蔔…30g
蒜頭…1 瓣

醬汁，預先調勻

醬油…1 大匙
清水…50ml
砂糖…1 小匙
市售辣渣…隨口味
海鹽…1/4 小匙（隨醬油鹹度微調）

調味料

油…1 大匙
海鹽…1/4 小匙（隨醬油鹹度微調）

作法

1. 常備清燉嫩牛腱切片、青花菜切小朵、紅蘿蔔切厚片
   （0.5cm）後再切 4 等份、蒜頭切成末。
2. 起一鍋滾水（加少許海鹽，份量外），將紅蘿蔔入鍋汆燙
   約 5 分鐘、青花菜汆燙約 1 分鐘後撈起鍋。

3. 起油鍋，蒜末入鍋炒香。
4. 常備清燉嫩牛腱入鍋，大略翻炒至香軟。
5. 汆燙過的紅蘿蔔及青花菜入鍋，拌炒均勻。
6. 加入醬汁，整鍋拌勻即完成。

😊 美味關鍵

市售辣渣的風味多樣化，鹹度、辣度也都有所差異，請選一款喜
愛或熟悉的辣渣來做這道料理，成品將會更貼近自己的口味。

⏱ 保存方式

待涼，放入密封保鮮盒中冷藏保存。

最佳賞味期 妥善冷藏約 3 天。

人氣定番
便利水煮雞絲

健康的瘦身飲食計劃中，低脂高蛋白的雞胸肉當然不會缺席。但是，常是吃雞胸肉容易覺得膩，因此多樣化的雞胸肉料理絕對是必需的。

說到多樣化的雞胸肉料理，我力推以「水煮雞絲」來當成變化料理的首發料理！

「水煮雞絲」有多樣做法，本單元是採燜熟法；將雞胸肉以辛香料燜至全熟，起鍋後立即冰鎮降溫保嫩，冷卻後再以手撕成雞絲狀就完成了。

燜熟的雞胸肉不會太過乾柴，手撕完成的雞絲可淋上喜愛的醬汁享用，亦可發揮巧思，將雞絲與其他食材烹調成更多美味料理。

本單元除有基本雞絲料理法，另有多道以雞絲為基底烹調而成的健康料理，有了水煮雞絲的多樣化料理，再也不用擔心吃膩雞胸肉了！

常備水煮雞絲

我常利用空閒時間水煮多塊雞胸，待雞胸冷卻後，
挪張椅子、備妥容器、打開喜歡的影集、
雙手洗淨並拭乾後就坐下來一邊手撕著雞絲，一邊看著影集。
一口氣將水煮雞胸全部變成絲狀後，
再分裝冷藏或冷凍，先備起來，心也安了起來，
因為接下來的忙碌日子，實在煮粥、涼拌、煎蛋或早餐沙拉等等，
馬上取出、馬上利用，方便極了。

材料

雞胸肉（去皮）…2塊（330g）
老薑片…20g
米酒…50ml
冰塊水…適量

作法

1 起一鍋沸騰的水（水量可覆蓋雞胸肉再多一些），將薑片及米酒入鍋約煮 2 分鐘（使酒氣揮發些）。

2 放入雞胸肉，煮 1 分鐘後，關火，蓋上鍋蓋燜約 20 分鐘。

3 取出雞胸肉，浸泡在冰塊水中冰鎮，待冷卻後取出。

4 將雙手洗淨拭乾（或戴上料理手套），順著雞胸肉的肌肉紋路手撕成絲狀，完成。

享用時可佐入各式喜愛的醬汁，或參考本系列的變化料理。

- -

😀 **美味關鍵**

⊕ 雞胸肉保持整塊不切，可讓燜熟後的雞胸肉保有嫩口感不易柴口。

⊕ 以手撕的雞絲較能夠控制力道及粗細（相較於叉子），讓口感一致且絲絲分明的較美觀。

⊕ 雞胸肉的厚薄、水量、鍋具均會影響著燜熟的時間，請隨當下的條件調整燜煮時間。

- -

🕐 **保存方式**

手撕成雞絲狀後，放入密封保鮮盒（袋）中冷藏保存；冷凍則手撕完成後，依食用份量分裝冷凍。

`最佳賞味期` 妥善冷藏約 4～5 天；冷凍約 1 個月。

雞肉糙米粥

以健康的糙米飯、低脂的雞肉絲、醃入味的豬絞肉
及香氣彌漫的芹菜末等食材所精心燉煮的「雞肉糙米粥」，
入口即化、風味好極了。

當食欲不振時來一碗吧，保證胃口大開；心情低落時，也來一碗吧，
隨著溫熱的粥品入口，心裡也會跟著暖暖的；
不管是為自己煮的粥、或是為喜歡的人所煮的，
只要是用料實在、悉心烹調，就是全世界最美味的粥品了。

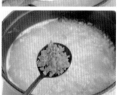

材料 3 人份

常備水煮雞絲⋯100g（作法請見 P.141）
豬絞肉⋯50g
紅蘿蔔⋯15g
芹菜（去葉）⋯1 小株（10g）
熟糙米飯⋯250g
清水⋯1250ml
＊ 熟飯與水的比例為1：5

醃肉調味料

醬油⋯1 匙
白胡椒粉⋯少許
米酒⋯1/2 小匙（可省略）

調味料

海鹽⋯1 小匙
白胡椒粉⋯1/2 小匙

作法

1. 豬絞肉加入醃料，拌勻後靜置醃約 10 分鐘；紅蘿蔔切成小丁、芹菜也切成小丁。
2. 起一鍋滾水，將熟糙米飯入鍋煮至沸騰，轉小火，蓋上鍋蓋燜煮約 10 分鐘，將熟糙米飯煮軟。
3. 打開鍋蓋，加入醃妥的豬絞肉，將豬絞肉拌開並煮熟。
4. 加入紅蘿蔔丁、常備水煮雞絲、芹菜丁，整鍋拌勻，約煮 3 分鐘。
5. 加入海鹽及白胡椒粉，拌勻後起鍋。
6. 靜置約 10 分鐘，使風味融合後即可享用。

☺ 美味關鍵

將鹹粥米飯燉煮至黏稠入口即化，風味極佳，另也可於起鍋前加入少許醃漬蘿蔔乾（切碎），增添脆口感及多元風味。

◐ 保存方式

待涼，分次放入密封保鮮盒（袋）冷藏保存；冷凍則以食品夾鏈袋分裝保存。

最佳賞味期 妥善冷藏約 5 天；冷凍 4 週。

醋溜馬鈴薯雞絲

有時想清爽、快速又簡便的解決一餐時，
我就會取出冰箱裡的「醋溜馬鈴薯雞絲」，
隨便夾取一些，就補足了優質澱粉及蛋白質。

整體風味因佐入微酸自製醬汁而開胃，清爽極了，
讓人一口接一口的停不下來，
是一道非常適合炎夏的手作涼拌料理，試試看吧。

馬鈴薯（中型 1 顆）…180g
常備水煮雞絲…100g（作法請見 P.141）
香菜…10g（1 株）

白醋…4 大匙
醬油…2 小匙
砂糖（二砂）…2 小匙
海鹽…1/2 小匙（隨醬油的鹹度微調整）
七味粉…1 小匙
清水…30ml

油…2 小匙
米酒…1 大匙
香油… 1/2 小匙

1. 馬鈴薯削皮後先切片再切成絲，以清水沖洗數次（洗掉澱粉質），清洗至水質變清澈，瀝乾水分。
2. 香菜洗淨，切成小段。
3. 熱油鍋，將馬鈴薯絲入鍋炒軟。
4. 加入常備水煮雞絲、米酒，整鍋拌炒至酒氣蒸發。
5. 倒入醬汁，整鍋翻炒至上色及入味。

6. 關火，加入香菜、香油，以鍋子的餘溫將香菜拌炒至軟即完成。

* 冷藏後再享用，風味更佳。

- -

⊜ **美味關鍵**

馬鈴薯切成絲後，以清水將澱粉質沖洗掉，可讓馬鈴薯絲的口感爽脆好吃。

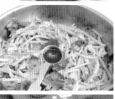

- -

◐ **保存方式**

待涼，放入密封保鮮盒中冷藏保存，如需冷藏多日，香菜容易變色影響口感，建議將香菜取出後再冷藏。

最佳賞味期 妥善冷藏約 4~5 天。

夏日涼拌雞絲

我是花生控，只要料理有加入花生的，幾乎都能贏得我的青睞（笑）。

記得第一次吃到涼拌雞絲料理是在泰式料理店，
店家在涼拌雞絲上豪氣的撒了一大把碎花生，看起來美味極了，
吃起來果真不凡，花生味濃、生菜爽口，醬汁酸香微辣促味蕾，
整道料理香的不得了，好吃的不得了，一吃就愛上。

回家後自己也試著做看看，經過好多次的試驗，
終於做出自己喜歡，口味也很接近初一吃就愛上的味道，
因為喜愛花生而完成的涼拌料理，我很喜歡，推薦你也做看看吧！

材料 3、4 人份

常備水煮雞絲…160g（作法請見 P.141）
小黃瓜…60g
紫（白）洋蔥…20g
紅蘿蔔…15g
香菜葉…5g
熟花生（去皮）…20g

特製醬汁（預先調勻）

醬油…3 小匙（依醬油鹹度微調整）
砂糖（二砂）…3 小匙
冷開水…2 小匙
檸檬原汁…2 小匙
香油…1 小匙
白芝麻…1 小匙
魚露…1/4 小匙
蒜泥…1/8 小匙

其他備料

冰塊水（冰鎮洋蔥用）…1 小碗

作法

1 紫（白）洋蔥順紋切成絲後，浸泡冰塊水約 10 分鐘（降低辛嗆）。

2 小黃瓜斜切片後再切成絲、香菜僅取葉片部分、花生裝進袋子後隨興拍碎。

3 將常備水煮雞絲、小黃瓜絲、紫（白）洋蔥絲及香菜全部拌勻。

4 淋上特製醬汁、撒入花生碎即可享用。

※ 因不再烹調加熱，故請以切熟食的乾淨刀具及砧板來切食材，比較衛生。

😊 **美味關鍵**

◎ 花生不要拍太碎，保留些許花生粒除可提升口感及香氣，另能增加咀嚼時的驚喜感。

◎ 洋蔥切絲後泡冰塊水可以去嗆辣感，但如果不介意嗆辣口感，可省略冰鎮步驟。

🔵 **保存方式**

醬汁與作法3分別放入密封保鮮盒（袋）中冷藏保存，享用前再將兩者混合，最後再撒入現拍碎的花生碎。

最佳賞味期 妥善冷藏約 3 天。

醬拌酪梨雞絲沙拉

聽說酪梨蘸醬油膏，口感像極了生魚片（？！）
這道加了薄鹽醬油膏的酪梨雞絲沙拉，入口甘醇滑順，
但完全不像傳說中的生魚片呀，
或許是因為貪心的加了雞絲、番茄等調味料，
也或許是因為少了哇沙米（山葵醬），笑。
你正苦惱酪梨還能有什麼吃法、雞絲還能有什麼變化嗎？
大膽的試做這道鹹沙拉吧，現做現吃口感豐富，
營養素立即補充到位。

材料 4 人份

常備水煮雞絲⋯150g（作法請見 P.141）
酪梨⋯180g（已去籽去皮的重量）
牛番茄⋯80g（1 顆）

酪梨醃料

檸檬汁⋯1 小匙

醬汁材料

薄鹽醬油膏⋯3 大匙（依醬油膏鹹度微調整）
黑胡椒⋯1/2 小匙
蒜泥⋯1/4 小匙
檸檬汁⋯1 小匙

作法

1. 酪梨切塊後加入檸檬汁後輕輕拌勻、牛番茄切塊。
2. 取一深皿，放入常備水煮雞絲、酪梨塊、牛番茄塊、醬汁材料，全部輕輕拌勻，完成。

😊 美味關鍵

佐入薄鹽醬油膏的酪梨口感滑嫩，與雞肉絲一起享用很健康，很有飽足感。

🕐 保存方式

建議盡速享用，以享最佳風味。

最佳賞味期 適合現做現吃。

人氣定番
百搭香煎雞腿排

雞腿排料理是我家女兒的最愛之一，為了迎合她的喜好及希望讓她品嚐更多風味的雞腿排，我常將雞腿排的烹調方式加以變化。

有時變化點甜、有時變化點香辣，不管烹調方式如何改變，唯一不變的是，女兒在每次吃完後，總是會滿足的說：「好好吃！」

本系列各式美味的雞腿排料理推薦給你，希望你也會喜歡。

香煎雞腿排

如果真要選一道作法很簡單，但口味不簡單的美味料理，
應該就是這道香煎雞腿排了吧！

以最簡易的調味料（海鹽、黑胡椒）將雞腿排淺漬片刻、拍粉，
入鍋香煎，整個料理過程只需掌握幾個烹調小訣竅，很快的，
香酥雞腿排就完成了，起鍋後靜置片刻，讓肉汁再多鎖些，
接著就可以盡情的一咬下，皮香肉嫩微爆汁，
像極了鐵板燒店所煎的職人雞腿排一樣，好吃極了，
怎能不愛，怎麼不投它一票呢？

材料 2人份

去骨雞腿排…430g（大隻，2隻）

調味料

海鹽…1/2 小匙
黑胡椒…1/2 小匙
中筋或低筋麵粉…1 大匙
油…1 大匙

作法

1 去骨雞腿排洗淨後將水分拭乾，切除邊緣多餘的脂肪。

2 持刀於肉面輕劃數刀斷筋（不要切斷）後，均勻的揉入海鹽及黑胡椒，靜置醃約 10 分鐘。

3 於腿排雙面輕拍一層麵粉，靜置片刻（待麵粉色澤轉深即可）。

4 熱油鍋（平底鍋），抖掉雞腿排上多餘的麵粉後，入鍋以小火香煎（雞皮朝鍋底先煎）。

5 煎至雞皮呈金黃酥脆感時，翻面續煎，煎至全熟即可起鍋（筷子可輕易刺穿雞腿排最厚的部位，且未滲出血水）。

6 置於網架上（或瀝油盤）約 5 分鐘，即可切塊享用。

＊ 香煎的過程中，可以鍋鏟輕壓雞腿排，可增加酥脆度及快熟，另如雞腿出的油較多，將油倒出後再繼續煎，全程保持少油的狀態，可幫助雞皮更酥且不油膩。

＊ 切雞腿排時，將雞皮朝下（砧板），於肉面先下刀，切面會較美、雞皮較完整。

😋 美味關鍵

下鍋前輕拍一層麵粉是雞腿排口感更香、更酥的來源之一，如正實施減醣計劃，可省略麵粉，直接入鍋香煎亦可。

🕐 保存方式

待涼，放入密封保鮮盒（袋）中冷藏保存；冷凍則煎熟後整塊不切，直接分裝冷凍。

最佳賞味期 妥善冷藏約 3～4 天；冷凍約 1 個月。

馬鈴薯燉肉

以順手的料理流程、慣用調味料所烹煮而成的「馬鈴薯燉肉」，
整體滋味融合了番茄的微酸、洋蔥沉穩的香甜，
是一道老少咸宜的家常好料理。

將去骨雞腿先醃漬，再拍粉，後香煎；
如此一來，去骨雞腿不止能增加肉香，入鍋燉煮時也較不易皮肉分離。

對了，配角馬鈴薯請切大塊些，大塊點，才能避免燉煮時融化，
馬鈴薯不化開，成品即能呈現清爽可口感，而且大口吃著鬆軟的馬鈴薯，
亦是這道「馬鈴薯燉肉」無法言喻的幸福滋味。

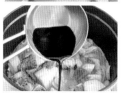

材料 3 ～ 4 人

香煎雞腿排（熟）…270g（作法請見 P. 153）
馬鈴薯…230g（中型 1 顆）
牛番茄…160g（小顆 2 顆）
蒜頭…2 ～ 3 瓣
洋蔥…90g（中型 1/4 顆）
甜豆…50g（1 小把）

調味料

醬油…2 大匙（依鹹度微調整）
清水…500ml
油…2 大匙

作法

1. 香煎熟雞腿排切塊、馬鈴薯削皮後切大塊、番茄切塊、洋蔥切塊、蒜頭拍扁。
2. 甜豆挑掉蒂頭及側邊粗纖維，切半，投入滾水（水中加一小匙海鹽），汆燙約 40 秒，撈起。
3. 鍋內倒入油，將洋蔥入鍋以中火翻炒，炒至香軟或呈現透明感。
4. 加入馬鈴薯、番茄，翻炒至番茄變軟、馬鈴薯呈現淡茄紅色。
5. 注入清水，蓋上鍋蓋以中火燜約 15 分鐘（期間可打鍋蓋檢視水量是否蒸發太快及翻炒均勻）。
6. 加入去骨雞腿肉（熟），拌勻後蓋上鍋蓋，燜煮約 3 分鐘。
7. 加入作法 2 汆燙過的甜豆，拌勻即完成。

- -

😋 美味關鍵

以熱油先將洋蔥、番茄炒香炒軟，讓洋蔥及番茄的甜分完全釋放，為成品的鮮甜底味足以打好、打滿，口感層次會更豐富。

- -

🌀 保存方式

待涼，放入密封保鮮盒中冷藏保存；冷凍則依食用份量分裝冷凍（甜豆冷凍後口感較差，建議於冷凍前取出甜豆）。

最佳賞味期 妥善冷藏約 4 ～ 5 天；冷凍約 3 週。

開胃辣雞

做法簡單極了，將去骨雞腿排煎至恰恰（焦酥）後切塊，
取一個喜歡的深盤，盤中擺入喜歡的各式生菜（食譜是用高麗菜及小黃瓜），
淋上特製的醬汁就完成了！

雞腿排皮香肉嫩、生菜清爽解膩，讓人愛不釋口，
特製醬汁的製作材料都很容易取得，隨興的就能調製一些，
淋在肉上、撒在生菜上，十分對味。
對了，喜歡麻香口感的，可加些花椒油或撒些花椒粉，保證一定愛上。

材料 2 人份

香煎雞腿排…210g（作法詳見 P.153）
高麗菜…100g
小黃瓜…半條

特製醬汁（預先調勻）

飲用冷水…2 大匙
砂糖（二砂）…2 小匙
魚露…1 大匙
檸檬原汁…1 小匙
辣椒…10g（去籽）
香菜末…3g（約 1 小株）

作法

1　香煎雞腿排切塊、特製醬汁預先調妥（將砂糖拌至融化）。
2　高麗菜、小黃瓜洗淨後瀝乾水分，切成絲（使用切熟食的刀具及砧板較衛生）。
3　取深盤，依序放入高麗菜絲、小黃瓜絲、切塊的雞腿後，淋入特製醬汁即完成。

🕘 **保存方式**

食材部分（雞腿、高麗菜、小黃瓜）及特製醬汁分開裝盒冷藏保存，享用前再淋上醬汁。

最佳賞味期 妥善冷藏約 2 天，享用前 20 分鐘取出退冰，冷食風味最佳，無需覆熱。

塔香洋蔥雞

行走江湖（菜市場），總會遇到菜價高漲的時刻，
尤其是每逢颱風季、連日豪雨…等不可控制的因素發生時，
葉菜類的菜價更是漲在前頭。

不怕，當菜價昂貴買不下手時，就改買價格平穩的洋蔥來省荷包吧！

「塔香洋蔥雞」因為加入大量的新鮮洋蔥，整體的風味很清甜，
與雞腿肉一起料理，口感十分飽足且百吃不膩。對了，起鍋前，
別忘了加一大把九層塔葉，讓整鍋料理的香氣大噴發，保證食指大動。

下回菜價飆升時，經濟實惠又好吃的洋蔥雞腿料理，
就是最佳的省錢應援料理，推薦給你。

材料

香煎雞腿排（熟）…220g（作法請見 P.153）
洋蔥…180g（中型一顆）
辣椒…5g
九層塔…1 把
蒜頭…2 ～ 3 瓣

調味料

油…1 大匙
清水…50ml
海鹽…少許
黑胡椒…少許

作法

1. 香煎熟雞腿排（熟）切塊、洋蔥切塊、九層塔洗淨後取葉子、辣椒切圈、蒜頭切成蒜末。
2. 熱油鍋，將蒜末入鍋以小火炒香。
3. 香煎去骨雞腿（熟）入鍋，以中小火炒熱。
4. 洋蔥、清水入鍋，整鍋翻炒至洋蔥變軟。
5. 加入辣椒，拌炒均勻（如喜歡辣味明顯，則於步驟 2 加入，與蒜末一起炒香）。
6. 加入少許海鹽、黑胡椒調味，整鍋拌勻。
7. 加入九層塔葉，關爐火，以鍋子的餘溫將九層塔葉炒軟，完成。

😊 美味關鍵

選用新鮮的洋蔥、雞腿排、九層塔等食材，就無需添加太多重口味的調味料，僅以海鹽及黑胡椒簡單調味，突顯出食材的鮮甜及豐美口感。

🕒 保存方式

待涼，放入密封保鮮盒中冷藏保存（九層塔葉容易變色影響口感，建議取出九層塔葉再冷藏）。

最佳賞味期 妥善冷藏約 3 ～ 4 天。

雞腿排佐蔬菜丁

香煎雞腿排的料理多樣化，可清爽、可濃郁，面貌之多變，
堪稱百變料理之王，「雞腿排佐蔬菜丁」無太多繁瑣的料理步驟，
僅將新鮮的蔬菜丁經過調味後，與雞腿排拌在一起即可享用。

第一口的印象是爽口不膩，第二口還來不及細細品嚐，
嘴角就已經失守的上揚了，微酸微甜很開胃，
讓人情不自禁的一口接一口，美味無比啊，
心一下子就被這道料理給擄獲了，幸福。

材料 2~3 人份

香煎雞腿排…2 片（430g，作法請見 P.153）
小黃瓜…1 根（90g）
大番茄…半顆（80g）
紫洋蔥…12g（少許）
香菜葉…6 片

調味料

法式芥末籽醬…2 小匙
檸檬汁…1/2 小匙
魚露…1/4 小匙
海鹽…1/4 小匙

★ 法式芥末籽醬於超市、大賣場或網路購物均能購得。

作法

1 香煎雞腿排切小塊。
2 調味蔬菜丁：小黃瓜切丁、大番茄去籽後切丁、紫洋蔥切丁、
　香菜葉切細碎後，加入調味料，全部拌勻後靜置約 5 分鐘，
　使味道融合。
3 將調味蔬菜丁淋在香煎雞腿上，完成。

☺ 美味關鍵

法式芥末籽很適合與蔬菜丁一起料理，其微酸及富含層次的香氣，能
帶來清爽的口感，風味很迷人。

◐ 保存方式

雞腿排與調味蔬菜丁分開裝盒，冷藏保存，享用前20分鐘取出組合
並退冰，冷食風味最佳，無需覆熱。

最佳賞味期 妥善冷藏，雞腿排約 3～4 天；調味蔬菜丁冷藏約 2～3 天。

蛋白質副菜

蛋白質為人體所需的三大營養素之一，可提供
身體所需的能量、延遲消化以增加飽足感等諸
多優點，因此，蛋白質副菜也是健康便當不可
或缺料理一。

蘑菇蛋

材料 2～3人份

雞蛋…2 顆
蘑菇…30g（1 大朵）

調味料

海鹽…少許
油…1 小匙
黑胡椒…少許

作法

1 蘑菇縱向切片、雞蛋加入海鹽打散均勻。
2 取玉子燒鍋，以小火熱油鍋後，將蛋液倒入鍋。
3 蛋液煎至稍微凝固時，將蘑菇片擺入鍋（如圖），撒入少許
　黑胡椒後煎至蛋液凝固定形（蛋液不易流動）。
4 取大平盤，將蘑菇蛋倒扣至盤子上，再由盤中滑回鍋裡續煎
　片刻，起鍋。
5 略放涼，切塊享用。

😊 美味關鍵

作法4的倒扣續煎作動，讓蘑菇及黑胡椒接觸鍋面，經過短暫香
煎，能使蘑菇的香氣更加到位。

🌀 保存方式

待涼，放入密封保鮮盒中冷藏保存。

最佳賞味期 妥善冷藏，大約 2～3 天。

蔥花黑胡椒蛋卷

材料 2～3 人份
雞蛋…3 顆
青蔥…20g（1 根）

調味料
海鹽…1/4 小匙
黑胡椒…1/8 小匙
油…適量

作法

1 青蔥切成蔥花。
2 將蔥花、雞蛋、海鹽、黑胡椒，混合攪拌成蛋液。
3 取玉子燒鍋，以小火熱鍋，同時於鍋面均勻的抹油。
4 倒入部分蛋液，煎至略凝固時捲成蛋卷，再將蛋卷推至鍋子頂端。
5 騰出的鍋面再抹些許油，重覆作法 4 直到蛋液全部入鍋捲成蛋卷。
6 將蛋卷煎至全熟即可起鍋。
7 略放涼，切塊享用。

☆ 新蛋液入鍋時，可將頂端的蛋卷輕輕提起，讓新蛋液流動至蛋卷底部達到黏合。

★ 以木筷刺入蛋卷停約5秒取出，如筷子留有溫度、不殘留蛋液，即代表蛋卷中心已熟，隨時可以起鍋了。

☺ 美味關鍵

加了少許黑胡椒的蔥花蛋卷很提味，且口感多些層次，想讓蔥花蛋卷吃起來不單調時，也加些黑胡椒吧，味蕾會喜歡這份小驚喜的。

◐ 保存方式

待涼，放入密封保鮮盒中冷藏保存。

最佳賞味期 妥善冷藏約 3～4 天。

豆皮炒蛋絲

材料 3 人份
雞蛋…3 顆
生豆皮…80g（2 片）

蛋液調味料
醬油…1 小匙

調味料
油…2 小匙
海鹽…1/4 小匙
香油…少許

作法

1 雞蛋加 1 小匙醬油後打散成蛋液，生豆皮切成絲狀。
2 取平底鍋，於鍋面刷少許油（份量外），鍋油均熱後將蛋液倒入鍋，以小火煎至蛋液邊緣捲起，蛋液幾乎凝固時起鍋（免翻面），略放涼後捲起，切成蛋絲。
3 原鍋免洗，倒入 2 小匙油，將豆皮入鍋翻炒至香。
4 蛋絲回鍋，以海鹽、香油調味並拌勻即完成。

☺ 美味關鍵

將生豆皮以少許熱油煎至焦香，再搭著軟嫩的雞蛋絲，一焦香一嫩口，讓這道料理充滿多層次口感。

◔ 保存方式

待涼，放入密封保鮮盒中冷藏保存。

最佳賞味期 妥善冷藏約 2～3 天。

味噌蔥花蛋卷

材料 3～4 人份
雞蛋…3 顆
青蔥…20g（1 根）

調味料
油…少許
味噌…2 小匙（比例隨味噌風味調整）
飲用水…2 小匙

作法

1 味噌加入飲用水拌開、青蔥切成蔥花。
2 將拌開的味噌、蔥花、雞蛋一起拌成蛋液。
3 取玉子燒鍋，鍋面抹油，鍋油均熱時倒入部分蛋液，煎至蛋液略凝固時捲成蛋卷，再將蛋卷推至鍋子頭端。
4 騰出的鍋面再抹些許油，重覆作法 3 直到蛋液全部入鍋捲成蛋卷☆，並將蛋卷煎至全熟即可起鍋＊。
5 略放涼，即可切塊享用。

☆ 新蛋液入鍋時，可將頂端的蛋卷輕輕提起，讓新蛋液流動至蛋卷底部達到黏合。
＊ 以木筷刺入蛋卷停約5秒取出，如筷子留有溫度、不殘留蛋液，即代表蛋卷中心已熟，隨時可以起鍋了。

☺ 美味關鍵

以味噌替代鹹味來源，讓蛋卷呈現淡淡的味噌香氣，風味絕佳，另蔥花可增加清爽口感及增加色澤，是不可或缺的食材。

◔ 保存方式

待涼，放入密封保鮮盒中冷藏保存。

最佳賞味期 妥善冷藏約 3～4 天。

蝦仁蛋

材料 4 人份
蝦仁…120g（12 隻）
雞蛋…4 顆

蝦仁醃料
海鹽…1/8 小匙
黑胡椒…少許

調味料
海鹽…1/4 小匙
油（分次入鍋）…1 小匙＋ 1/2 大匙

作法

1 蝦仁挑掉腸泥（蝦線），拌入「蝦仁醃料」醃 5 分鐘；雞蛋加入海鹽打散成蛋液。
2 鍋內加入 1 小匙油，熱油鍋後將蝦仁入鍋以中火煎至半熟，起鍋。
3 原鍋再加入 1/2 大匙油（中小火），蛋液倒入鍋，略凝固後以鍋鏟輕推，推至蛋液半熟。
4 作法 2 的蝦仁回鍋，讓蝦仁沾到半熟蛋液，輕輕翻炒至蛋液全熟即完成。

😑 美味關鍵

蛋液入鍋後不大力翻炒，除可保有嫩口感，另大塊煎蛋及沾著些許蛋液的蝦仁，能讓盛盤時較美觀。

🕐 保存方式

待涼，放入密封保鮮盒中冷藏保存。

最佳賞味期 妥善冷藏約 2 ～ 3 天。

番茄洋蔥炒蛋

材料 3 ～ 4 人
牛番茄…180g（1 大顆）
洋蔥…70g（中型半顆）
雞蛋…4 顆
蒜頭…2 瓣

調味料
油（分次入鍋）…1 小匙＋ 1 大匙
番茄醬…2 大匙
砂糖（二砂）…1 小匙
海鹽…1 小匙
洋香菜葉（可省略）…少許

作法

1 番茄切塊、洋蔥順紋切絲、雞蛋打散成蛋液、蒜頭切末。
2 熱油鍋（1 小匙油），將蛋液入鍋以中小火炒至半熟，起鍋。
3 原鍋再倒入油（1 大匙），將番茄、洋蔥絲、蒜末入鍋，翻炒至番茄及洋蔥變軟。
4 作法 2 的半熟炒蛋、番茄醬、砂糖入鍋，整鍋翻炒入味。
5 以海鹽調味，拌勻後起鍋。
6 盛盤後撒入少許洋香菜葉點綴即完成。

😑 美味關鍵

全程未加一滴水的番茄洋蔥炒蛋其香氣濃郁迷人，除加少許的砂糖提味外，另特別加入洋蔥絲並炒至甜味盡出，也是這道料理的美味關鍵之一。

🕐 保存方式

待涼，放入密封保鮮盒冷藏保存。

最佳賞味期 妥善冷藏保存約 5 天。

起司玉米筍玉子燒

材料 4 人份

玉米筍…60g（5 支）　　調味料
雞蛋…3 顆　　　　　　　油…適量
乳酪絲…15g　　　　　　海鹽…1/4 小匙

作法

1 起一鍋滾水，加入少許海鹽（分量外），
　將玉米筍汆燙約 1 分鐘，撈起鍋輪切。

2 將汆燙過的玉米筍、雞蛋、海鹽混合打
　散成蛋液。

3 取玉子燒鍋，以小火熱鍋，同時於鍋面
　均勻的抹油。

4 倒入部分蛋液，煎至略凝固時捲成蛋卷，
　再將蛋卷推至鍋子頭端。

5 騰出的鍋面再抹些許油，重覆作法 4　直
　到蛋液全部入鍋捲成蛋卷並煎熟＊。

6 於煎熟的玉米筍蛋卷上加入乳酪絲，放
　入烤箱以攝氏 200 度烤 10 分鐘即完成
　（烤箱需預熱）。

7 略待涼，切塊享用。

◇ 新蛋液入鍋時，可將頂端的蛋卷輕輕提起，
　讓新蛋液流動至蛋卷底部達到黏合。

★ 以木筷刺入蛋卷停約5秒取出，如筷子留有
　溫度、不殘留蛋液，即代表蛋卷中心已熟，
　隨時可以起鍋了。

😊 美味關鍵

汆燙過的玉米筍甜味會更突出，與蛋液煎成蛋
卷鋪上乳酪絲，經過短暫炙烤後，乳酪絲的濃
郁奶香與脆甜的玉米筍很對味，視覺效果也很
加分。

🕐 保存方式

降溫後，以密封盒冷藏保存。

最佳賞味期 妥善冷藏約 2～3 天。

甜味洋蔥蛋卷

材料 2～3 人份

洋蔥…80g（1/4 顆）　　調味料
雞蛋…3 顆　　　　　　　油…1 小匙

蛋液調味料
海鹽…1/4 小匙
味醂…1/2 小匙

作法

1 洋蔥切成小丁後，以熱油翻炒至呈現半
　透明，起鍋略放涼。

2 將炒過的洋蔥丁、雞蛋、調味料，拌在
　一起打散成蛋液。

3 取玉子燒鍋，以小火熱鍋，同時於鍋面
　均勻的抹油。

4 倒入部分蛋液，煎至略凝固時捲成蛋卷，
　再將蛋卷推至鍋子頂端。

5 騰出的鍋面再抹些許油，重覆作法 4 直
　到蛋液全部入鍋捲成蛋卷＊。

6 將蛋卷煎至全熟即可起鍋＊。

◇ 新蛋液入鍋時，可將頂端的蛋卷輕輕提起，
　讓新蛋液流動至蛋卷底部達到黏合。

★ 以木筷刺入蛋卷停約5秒取出，如筷子留有
　溫度、不殘留蛋液，即代表蛋卷中心已熟，
　隨時可以起鍋了。

😊 美味關鍵

洋蔥先炒過可提升甜味，再加些許味醂讓甜味
更具層次感。

🕐 保存方式

待涼，以密封保鮮人盒冷藏保存。

最佳賞味期 妥善冷藏約 2～3 天。

水煮蛋

材料 4 人份

雞蛋（常溫蛋）…4 顆

作法

1 取一深鍋，注入可以覆蓋雞蛋的水量後，將雞蛋逐顆輕放入鍋。

2 開爐火，以中大火煮滾（期間可輕輕轉動雞蛋，讓蛋黃凝固於蛋白中央）。

3 煮滾後，轉中小火（維持小沸騰），續煮約 6～7 分鐘後撈起鍋。

4 一起鍋即放入冰水（或冷水）中冰鎮，待完全冷卻後剝除蛋殼即完成。

☀ 起鍋後，可將蛋殼輕敲出裂痕再浸泡冰水，多一個小動作，蛋殼就能輕易剝除。

😊 美味關鍵

◉ 冷水即開始煮蛋，是預防蛋殼破裂的有效方式，且利用逐漸上升的水溫慢煮，完成後的蛋白口感較彈Q彈。

◉ 煮蛋的過程，如發現蛋殼龜裂時，加少許白醋即可阻斷蛋白從裂縫中滲出。

🕐 保存方式

待涼，放入密封保鮮盒中冷藏保存。

最佳賞味期 妥善冷藏約 3～4 天。

小蛋鬆

材料 3 人份

雞蛋…3 顆
紅蘿蔔…25g
芹菜…17g（1 小株）

調味料

油…1 小匙
海鹽…1/4 小匙
白胡椒粉…少許

作法

1 紅蘿蔔切小丁、芹菜去掉葉子後也切小丁。

2 將雞蛋與紅蘿蔔丁、芹菜丁、海鹽、白胡椒粉全部打散均勻成蛋液。

3 鍋內倒入油，以小火熱油鍋，待鍋油略有溫度時，將蛋液倒入鍋。

4 手持 4 支筷子不停劃圈攪拌鍋中的蛋液，拌至蛋液凝固並呈現細小蛋鬆狀即完成。

😊 美味關鍵

◉ 蛋液入鍋時，全程小火並以4支筷子不停地拌炒，即可炒出嫩口且細碎的可愛蛋鬆。

◉ 芹菜丁為這道小蛋鬆帶來獨特香氣及口感，建議不要省略。

🕐 保存方式

待涼，放入密封保鮮盒中妥善冷藏保存。

最佳賞味期 妥善冷藏約 2～3 天。

甜味藜麥紅蘿蔔

材料 2～3 人份

紅蘿蔔…200g（1 條）
熟藜麥…2 大匙

★ 藜麥洗淨後瀝乾水分，注入比藜麥多3倍的
水量，放入電鍋（外鍋加100ml的清水）蒸
煮至開關鍵跳起即成熟藜麥，待涼後置於冰
箱冷藏，可當成常備食材。

汆燙料

海鹽…少許

調味料

橄欖油…1 小匙
海鹽…1/4 小匙

作法

1 紅蘿蔔去皮後切片（厚約 0.5cm）再切
 半（呈半圓形）。

2 起一鍋滾水（水量可覆蓋紅蘿蔔），加
 入海鹽後，將紅蘿蔔入鍋汆燙約 5 分鐘，
 撈起鍋略放涼。

3 將汆燙完成的紅蘿蔔、熟藜麥、調味料
 全部混合拌勻即完成。

😊 美味關鍵

紅蘿蔔厚切後投入加了少許鹽的滾水中汆燙，
可提升紅蘿蔔甜味及增加綿密口感。

🕐 保存方式

待涼，放入密封保鮮盒中冷藏保存。

> **最佳賞味期** 妥善冷藏約 5 天。

糯米椒玉子燒

材料 3 人份　　　　　　　**調味料**

雞蛋…3 顆　　　　　　　　　油…適量
糯米椒…30g（2 根）　　　　海鹽…1/4 小匙

★ 糯米椒與綠色辣椒外觀顏像，可由蒂頭處有
無皺褶來分辦，有皺褶、不平整的為糯米
椒，平滑的則為綠辣椒。

作法

1 糯米椒細切成小圈狀。

2 將切妥的糯米椒、雞蛋、海鹽，全部混
 合拌勻成蛋液。

3 取玉子燒鍋，以小火熱鍋，同時於鍋面
 均勻的抹油。

4 倒入部分蛋液，煎至略凝固時捲成蛋卷，
 再將蛋卷推至鍋子頂端。

5 騰出的鍋面再抹些許油，重覆作法 4 直
 到蛋液全部入鍋捲成蛋卷。

6 將蛋卷煎至全熟即可起鍋。

7 略放涼，切塊享用。

★ 新蛋液入鍋時，可將頂端的蛋卷輕輕提起，
 讓新蛋液流動至蛋卷底部達到黏合。

★ 以木筷刺入蛋卷停約5秒取出，如筷子留有
 溫度、不殘留蛋液，即代表蛋卷中心已熟，
 隨時可以起鍋了。

😊 美味關鍵

糯米椒（青龍辣椒）很耐存放（冷藏2週以上
沒有問題），但這道「糯米椒玉子燒」需以新
鮮的糯米椒來突顯清爽嫩口感，故於市場購回
糯米椒時，請趁新鮮料理，以享最佳風味。

🕐 保存方式

待涼，切塊後放入密封保鮮盒中冷藏保存。

> **最佳賞味期** 妥善冷藏約 3 天。

櫻花蝦櫛瓜煎蛋

材料 4 人份

櫛瓜⋯200g（1 條）
雞蛋⋯3 顆
櫻花蝦（乾）⋯1 大匙

蛋液調味料

海鹽⋯1/2 小匙
米酒⋯1 大匙
白胡椒粉⋯1/2 小匙

調味料

油⋯2 小匙

作法

1 櫛瓜先切片再切成絲。
2 將雞蛋、櫛瓜絲、櫻花蝦（乾）、蛋液調味料，打散混合均勻成蛋液。
3 取直徑小的平底鍋，熱油鍋後將蛋液倒入鍋，蓋上鍋蓋以小火燜煎至蛋液凝固。
4 取平盤倒扣 ，不蓋鍋蓋續煎至熟透 即可起鍋。
5 起鍋後置於網架上略放涼，即可切塊享用。

* 取可覆蓋平底鍋的平盤，將平盤蓋在鍋上，一手輕壓著平盤，另一手持著鍋把快速的將鍋子反扣到平盤上，讓鍋子裡的煎蛋落在平盤上，再將平盤裡的煎蛋滑回鍋中即完成倒扣動作。
* 以木筷刺入蛋中停約5秒取出，如筷子留有溫度、不殘留蛋液，即代表已熟透，隨時可以起鍋了。

😀 美味關鍵

使用直徑24cm以下的平底鍋來料理，可營造出厚實飽口的美味感，但因為厚蛋液不易熟透，故全程請以小火且有耐心的煎煮。

🜂 保存方式

待涼，放入密封保鮮盒中冷藏保存。

最佳賞味期 妥善冷藏約 2 天。

茭白筍煎蛋

材料 2～3 人份

茭白筍⋯70g（1 支）
雞蛋⋯3 顆

調味料

海鹽⋯1/4 小匙
白胡椒粉⋯少許
油⋯2 小匙

作法

1 茭白筍去筍殼後切成絲。
2 取一深皿，將茭白筍絲、雞蛋、海鹽及白胡椒粉一起攪拌均勻成茭白筍蛋液。
3 取平底鍋，熱油鍋後將茭白筍蛋液倒入鍋，煎至底部定形、蛋液略凝固時將蛋液對折續煎（對折可增加豐厚度）。
4 反覆翻面煎至金黃熟透即可起鍋。
5 略放涼後切塊享用。

😀 美味關鍵

選用當季盛產的茭白筍來料理煎蛋，能讓蛋料理增加大量的膳食纖維及飽足感，且微脆清甜的茭白筍與蛋液相互交織下，清爽又美味。

🜂 保存方式

待涼，以密封保鮮盒妥善冷藏保存。

最佳賞味期 妥善冷藏約 2～3 天。

極嫩玉子燒

材料 3 人份

雞蛋…4 顆

調味料

海鹽…1/4 小匙
牛奶…1 大匙
味醂…2 小匙

作法

1 雞蛋與調味料打散均勻成蛋液後過篩（瀝出的蛋筋，口感較嫩）。
2 取玉子燒鍋，以小火熱鍋，同時於鍋面均勻的抹油。
3 倒入部分蛋液，煎至略凝固時捲成蛋卷，再將蛋卷推至鍋子頂端。
4 騰出的鍋面再抹些許油，重覆作法 3 直到蛋液全部入鍋捲成蛋卷 。
5 將蛋卷煎至全熟即可起鍋 。
6 略放涼，切塊享用。

😄 美味關鍵

將蛋液過篩可讓玉子燒口感更綿密，另鍋裡每次抹的油量也不宜太多，留意這2個小關鍵，即能煎出嫩口感十足的玉子燒了。

🕐 保存方式

起鍋後移至網架上待涼，切塊後放入密封保鮮盒中冷藏。

最佳賞味期 妥善冷藏約 2～3 天。

紅燒鰻魚蔥花玉子燒

材料 3 人份

市售紅燒鰻魚罐頭…50g	調味料
青蔥…15g（1 根）	油…少許
雞蛋…3 顆	海鹽…1/8 小匙 （或少許）

作法

1 市售紅燒鰻魚切碎、青蔥切成蔥花。
2 將切碎紅燒鰻魚、蔥花、雞蛋、調味料，全部一起攪拌均勻成蛋液。
3 取玉子燒鍋，以小火熱鍋，同時於鍋面均勻的抹油。
4 倒入部分蛋液，煎至略凝固時捲成蛋卷，再將蛋卷推至鍋子頂端。
5 騰出的鍋面再抹些許油，重覆作法 4 直到蛋液全部入鍋捲成蛋卷 。
6 將蛋卷煎至全熟即可起鍋 。
7 以壽司竹簾捲緊定形，待定形後切塊即完成。

★ 新蛋液入鍋時，可將頂端的蛋卷輕輕提起，讓新蛋液流動至蛋卷底部達到黏合。
★ 以木筷刺入蛋卷停留5秒取出，如筷子留有溫度、不殘留蛋液，即代表蛋卷中心已熟，隨時可以起鍋了。

😄 美味關鍵

入口即化的紅燒鰻魚滋味香甜，很適合用來做甜口味玉子燒，另加入些許蔥花及調味，整體風味美妙極了。

🕐 保存方式

待涼，裝入密封盒中冷藏保存。

最佳賞味期 妥善冷藏約 3 天。

黑木耳蔥花蛋卷

材料 約 3 ～ 4 人份

雞蛋…3 顆
黑木耳…50g
青蔥…30g（1 根）

調味料
油…少許
海鹽…1/4 小匙

作法

1　黑木耳切碎、青蔥切成蔥花。
2　將雞蛋、黑木耳碎、蔥花及海鹽混合打散均勻成蛋液。
3　取玉子燒鍋，以小火熱鍋，同時於鍋面均勻的抹油。
4　倒入部分蛋液，煎至略凝固時捲成蛋卷，再將蛋卷推至鍋子頭端。
5　騰出的鍋面再抹些許油，重覆作法 4 直到蛋液全部入鍋捲成蛋卷 。
6　將蛋卷煎至全熟即可起鍋 。
7　略放涼，切塊享用。

＊ 新蛋液入鍋時，可將頂端的蛋卷輕輕提起，讓新蛋液流動至蛋卷底部達到黏合。
＊ 以木筷刺入蛋卷停約5秒取出，如筷子留有溫度、不殘留蛋液，即代表蛋卷中心已熟，隨時可以起鍋了。

😋 美味關鍵

添加滑口微脆的黑木耳能讓蛋卷增加多層次口感，另以小火有耐心的將蛋卷煎至全熟，讓表層呈金黃焦香，內層則是軟嫩滑順口，是這道料理的美味關鍵。

🕚 保存方式

待涼，放入密封保鮮盒中冷藏保存。

`最佳賞味期` 妥善冷藏約 3 天。

簡易番茄蛋卷

材料 2 ～ 3 人份

雞蛋…2 顆

調味料
海鹽…1/8 小匙
美乃滋…1 小匙
油…1 小匙

刷醬
番茄醬…1 大匙

作法

1　雞蛋加入美乃滋、海鹽打散均勻成蛋液。
2　取平底鍋（或玉子燒鍋），加入油後抹勻，鍋油均熱時倒入全部蛋液。
3　蓋上鍋蓋，以小火將蛋液煎至完全凝固定形（蛋液不會流動）。
4　掀蓋，翻面續煎至全熟起鍋。
5　趁熱刷上番茄醬並捲起，完成。

😋 美味關鍵

加了美奶滋的煎蛋多了一股微甜嫩口感，另將蛋液煎成熟蛋皮後刷入番茄醬捲起，簡單快速，著實是一道美味又隨興的營養蛋料理。

🕚 保存方式

待涼，放入密封保鮮盒中冷藏保存。

`最佳賞味期` 妥善冷藏約 1 ～ 2 天。

韭菜肉末蛋卷

材料 3 人份

雞蛋…3 顆
豬絞肉…50g
韭菜…25g（3 株）

調味料
海鹽…1/4 小匙
米酒…1 小匙
清水…1 大匙
黑胡椒（粗粒）…1 小匙
油…少許

作法

1 韭菜細切後與雞蛋、豬絞肉、海鹽、米酒、清水及黑胡椒攪拌均勻。

2 取玉子燒鍋，以小火熱鍋，同時於鍋面均勻的抹油。

3 倒入部分蛋液，煎至略凝固時捲成蛋卷，再將蛋卷推至鍋子頂端。

4 騰出的鍋面再抹些許油，重覆作法 4 直到蛋液全部入鍋捲成蛋卷 。

5 將蛋卷煎至全熟即可起鍋 。

6 略放涼，切塊享用。

☀ 新蛋液入鍋時，可將頂端的蛋卷輕輕提起，讓新蛋液流動至蛋卷底部達到黏合。

★ 以木筷刺入蛋卷停約5秒取出，如筷子留有溫度、不殘留蛋液，即代表蛋卷中心已熟，隨時可以起鍋了。

😊 美味關鍵

韭菜的風味獨特迷人，很適合與肉末、蛋液拌勻後煎成美味的蛋卷料理，入口後的蛋香，韭菜香還有絞肉的紮實口感，好吃極了。

🕐 保存方式

待涼，放入密封保鮮盒中冷藏保存。

最佳賞味期 妥善冷藏約 3 ～ 4 天。

煎蛋香櫛瓜片

材料 2 ～ 3 人份

櫛瓜（中型）…1 條（200g）

調味料
油…2 小匙

沾粉
中筋麵粉…1 ～ 2 小匙

沾料，混合均勻
雞蛋…1 顆
海鹽…1/8 小匙
白胡椒粉…少許

作法

1 櫛瓜切掉蒂頭後，切成厚片（厚約1cm）。

2 將櫛瓜片雙面均沾一層薄薄的麵粉，靜置片刻。

3 作法2靜置的同時，起油鍋（將油刷勻）。

4 將沾了麵粉的櫛瓜片，再逐片沾上「沾料」後入鍋香煎。

5 煎至雙面均呈金黃焦香感時，起鍋。

6 置於網架上散熱片刻（防止底部熱氣回滲），完成。

😊 美味關鍵

櫛瓜沾裹著蛋液煎至金黃焦香，口感除了爽甜，還多了份濃郁的蛋香氣味，很美味。

🕐 保存方式

待涼，裝入密封保鮮盒冷藏保存。

最佳賞味期 妥善冷藏約 2 ～ 3 天。

什錦玉子燒

材料 約 3 人份

雞蛋⋯3 顆
香菇⋯25g（2 朵）
紅蘿蔔⋯15g
青蔥⋯20g（1 根）

調味料
油⋯少許
海鹽⋯1/3 小匙
黑胡椒⋯少許

作法

1 香菇及紅蘿蔔切小丁、青蔥切成蔥花。
2 將香菇丁、紅蘿蔔丁、雞蛋、蔥花、海鹽及黑胡椒全部拌在一起，打散成蛋液。
3 取玉子燒鍋，以小火熱鍋，同時於鍋面均勻的抹油。
4 倒入部分蛋液，煎至略凝固時捲成蛋卷，再將蛋卷推至鍋子頂端。
5 騰出的鍋面再抹些許油，重覆作法 4 直到蛋液全部入鍋捲成蛋卷。
6 將蛋卷煎至全熟即可起鍋。
7 略放涼，切塊享用。

☆ 新蛋液入鍋時，可將頂端的蛋卷輕輕提起，讓新蛋液流動至蛋卷底部達到黏合。
★ 以木筷刺入蛋卷停約5秒取出，如筷子留有溫度、不殘留蛋液，即代表蛋卷中心已熟，隨時可以起鍋了。

😀 美味關鍵

以繽紛細碎的食材來料理蛋卷，能讓蛋卷看起來更美味；建議可多利用冰箱剩餘的零星食材來料理，一來珍惜食材，二來零星食材常能為蛋卷料理帶來意想不到的驚喜口感。

🕐 保存方式

待涼，放入密封保鮮盒中冷藏保存。

最佳賞味期 妥善冷藏約 3~4 天。

醬漬日式水煮蛋

材料

水煮蛋⋯4 顆（作法請見 P.169）

醬汁材料
飲用水（冷）⋯100ml
鰹魚醬油（2 倍濃縮）⋯50ml
味醂⋯50ml

作法

1 將已剝殼且冷卻的水煮蛋放入乾淨的容器（或食物袋）中。
2 加入全部的醬汁材料混合均勻，讓水煮蛋充分浸泡在醬汁裡。
3 冷藏 1 天即可享用。

😀 美味關鍵

使用鰹魚醬油及味醂讓水煮蛋呈現甘甜口感，另將蛋黃煮至幾乎全熟且凝固，因此冷藏3~4天及放入便當會比較放心，如喜歡半熟蛋口感，則於煮水煮蛋的過程中縮短時間即可。

🕐 保存方式

連同醬汁一起存放冰箱冷藏（其間可翻轉水煮蛋，讓醬色均勻上色）。

最佳賞味期 妥善冷藏約 3~4 天。

BELOVED

WIFE

BENTO

———

常備料理

以各式耐放食材及調味烹調而成的常備料理，
是忙碌一族的大救星；利用假日備好備滿，未
來幾天的工作日，心裡就像吃了定心丸一樣的
安心。

韭菜肉末炒菇

材料 3～4 人份

新鮮香菇…170g（10 朵）
韭菜…30g（2 株）
豬絞肉…100g

醃料
醬油…1 小匙
白胡椒粉…少許

調味料
油…1 大匙
醬油…1 大匙（依醬油鹹度
微調）
蠔油…1 大匙
清水…100ml
香油…1 小匙

作法

1 絞肉加入醃料拌勻後醃 10 分鐘；香菇切片、韭菜切段。
2 熱油鍋，將醃妥的豬絞肉入鍋以中小火翻炒，炒至呈現乾爽狀。
3 將香菇、醬油、蠔油及清水入鍋翻炒，炒至香菇上醬色。
4 加入韭菜及香油，煮至韭菜變軟即完成。

😊 美味關鍵

豬絞肉入鍋後，耐心的將水分充分炒乾（呈現乾爽狀）能大幅降低肉腥味、強化肉香，另去腥味後所加入的調味料更能煮入味，底味扎實打穩後，就能享受到豐美肉香。

🕐 保存方式

待涼，放入密封保鮮盒中冷藏保存。

最佳賞味期 妥善冷藏，大約 4～5 天。

開胃紅蘿蔔炒肉末

材料 2～3 人份

紅蘿蔔…180g（1 條）
豬絞肉…60g
紅蔥頭…2～3 瓣
辣椒…6g

絞肉醃料

醬油…1 小匙
白胡椒粉…少許

調味料

油…2 小匙
海鹽…1/4 小匙
香油…1/4 小匙

作法

1 豬絞肉拌入絞肉醃料、紅蔥頭切碎、辣椒切成圈。
2 紅蘿蔔去皮後切成小方塊狀，以滾水汆燙約 3～4 分鐘撈起鍋。
3 熱油鍋，將紅蔥頭、辣椒入鍋以小火炒出香氣。
4 豬絞肉入鍋，以中小火炒至絞肉全熟及水分收乾（呈現焦香感）。
5 加入燙過的紅蘿蔔，整鍋拌炒至香氣融合。
6 以海鹽、香油調味即完成。

😊 美味關鍵

● 紅蘿蔔先汆燙過，除可縮短拌炒時間，也能提升紅蘿蔔鬆軟口感。
● 看似點綴的絞肉其實帶來整體的豐富口感，另步驟4將絞肉的水分炒乾，能有效去腥、提升肉香，與香甜紅蘿蔔拌炒在一起，開胃好吃。

🕐 保存方式

待涼，放入密封保鮮盒中冷藏保存。

最佳賞味期 妥善冷藏約 4～5 天。

洋蔥炒毛豆

材料 3～4 人份

洋蔥…280g（1 顆）
冷凍熟毛豆…80g
辣椒…5g
蒜頭…2 瓣

調味料
油…2 小匙
清水…50ml
海鹽…1/2 小匙
黑胡椒…少許

作法

1 洋蔥逆紋切絲、冷凍毛豆退冰、辣椒切
小圈、蒜頭切成末。
2 熱油鍋，將蒜末、辣椒入鍋以中小火炒
香。
3 洋蔥、清水入鍋，翻炒至洋蔥呈現香軟
感。
4 加入熟毛豆，整鍋翻炒均勻。
5 以海鹽、黑胡椒調味即完成。

😊 美味關鍵

以熱油將蒜末及辣椒翻炒至香、再加入洋蔥翻
炒至甜，又香又甜的，再佐入增色又營養的毛
豆仁，讓整體風味更好，營養也更足夠了。

🕐 保存方式

待涼，放入密封保鮮盒中冷藏保存。

最佳賞味期 妥善冷藏約 4～5 天。

醬燒肉末豆乾

材料 3～4 人份

豬絞肉…70g
豆乾…290g（4 塊）
蒜頭…2 瓣
香菜…10g（1 株）

調味料
油…2 小匙
米酒…1 小匙
海鹽…1/2 小匙
清水…150ml
醬油…2 大匙
砂糖（二砂）…1 小匙

作法

1 豆乾切小方塊、蒜頭切末、香菜切段。
2 熱油鍋，加入蒜末以中小火炒香。
3 豬絞肉下鍋略翻炒後嗆入米酒，翻炒至
豬絞肉呈現乾爽狀（水分炒乾）。
4 豆乾、海鹽入鍋，整鍋拌炒均勻。
5 加入清水、醬油、砂糖，翻炒均勻後蓋
上鍋蓋，以小火燜煮約 5 分鐘。
6 掀蓋，加入香菜段拌勻即完成。

😊 美味關鍵

將肉末炒至乾爽（水分炒乾）可有效幫助去腥
及吸收醬料，另起鍋前加入香氣獨特的香菜與
整體風味極為合拍。

🕐 保存方式

待涼，放入密封保鮮盒中冷藏保存。

最佳賞味期 妥善冷藏約 4～5 天。

玉米筍炒肉

材料 2～3 人份

豬絞肉（細）…100g
玉米筍…100g
蒜頭…2 瓣
辣椒…5g

醃料

醬油…1 小匙
白胡椒粉…少許

調味料

油…1 小匙
清水…50ml
醬油…1 小匙
香油…1 小匙
白胡椒粉…少許

作法

1. 豬絞肉拌入醃料醃 10 分鐘、玉米筍切小段、蒜頭切成末、辣椒切成圈。
2. 熱油鍋，將蒜末、辣椒入鍋以小火炒出香氣。
3. 豬絞肉入鍋，以中小火炒至豬絞肉全熟及呈現焦香感（水分炒乾）。
4. 加入玉米筍、清水，整鍋拌炒至香氣融合。
5. 以醬油、香油、白胡椒調味，拌炒入味即完成。

★ 起鍋前可試一下味道，如覺得不夠鹹再佐入少許海鹽即可。

😋 美味關鍵

步驟3將絞肉的水分炒乾能減少肉腥味、有助吸收調味料的香氣，看似點綴的絞肉，其實是這道料理散發豐足肉香的美味關鍵。

🕑 保存方式

放涼，放入保鮮密封盒中妥善冷藏保存。

最佳賞味期 妥善冷藏約 4～5 天。

辣豆瓣炒苦瓜

材料 4 人份

白玉苦瓜…500g（1 條）
老薑…8g
九層塔…20g（1 把）

調味料

油…1 大匙
辣豆瓣醬…1.5 大匙（依喜好調整比例）
清水…50ml

作法

1. 苦瓜洗淨後對切，挖除苦瓜籽及白色棉體後切薄片（厚約 0.5cm）；老薑切絲、九層塔洗淨後取葉子。
2. 熱油鍋，薑絲入鍋以中小火炒香。
3. 苦瓜、清水入鍋，拌炒至苦瓜變軟。
4. 加入辣豆瓣醬，整鍋拌炒至上色入味。
5. 熄火，加入九層塔葉，利用鍋子的餘溫拌炒至軟即完成。

😋 美味關鍵

苦瓜剖開後，除了將籽去除外，另將白色棉體盡量刮除乾淨可降底苦味，與辣豆瓣醬一起炒香後，整體辣味十足很開胃。

🕑 保存方式

待涼，放入密封保鮮盒中冷藏保存（九層塔葉易發黑，保存前建議取出）。

最佳賞味期 妥善冷藏約 4～5 天。

快炒香料紅蘿蔔緞帶

材料 3 人份

紅蘿蔔（1 小條）…100g
杏鮑菇（1 根）…100g
蒜頭…1 瓣

調味料

橄欖油…1 大匙
義大利綜合香料（無鹽）…1 小匙
海鹽…1/4 小匙

作法

1 紅蘿蔔去皮後，以刨刀縱向刨成薄片條狀；杏鮑菇縱向切成絲；蒜頭切成蒜末。
2 冷鍋（不放油）乾炒杏鮑菇，以中小火煸炒至軟。
3 油、蒜末入鍋，與杏鮑菇一起拌炒至香氣四溢。
4 加入紅蘿蔔＊、義大利綜合香料、海鹽，整鍋拌炒至紅蘿蔔變軟即完成。

★ 如不喜歡紅蘿蔔生味，可預先汆燙約4分鐘後再入鍋料理。

😀 美味關鍵

● 杏鮑菇先入鍋乾煎，其風味將更出色。
● 橄欖油的油量多一些，可讓整體口感潤口，β-胡蘿蔔素也能充分釋放。
● 將紅蘿蔔刨成緞帶狀，除了好夾取、有飽口感，另能增加料理樂趣。

🕐 保存方式

待涼，放入密封保鮮盒冷藏保存。

最佳賞味期 妥善冷藏約 5 天。

茄汁雙色甜椒

材料 3 人份

甜椒…2 顆（紅色、黃色各 1 顆共 320g）

醬汁（預先調勻）
番茄醬…1.5 大匙
醬油…1 大匙
砂糖（二砂）…1 小匙
海鹽…1/4 小匙（隨醬油鹹度微調）

調味料

橄欖油…1/2 大匙
清水…50ml

作法

1 甜椒切掉蒂頭、去籽，縱向切成條狀。
2 熱油鍋，將甜椒、清水入鍋，以中小火拌炒至甜椒變軟。
3 加入醬汁翻炒，煮至收汁即完成。

😀 美味關鍵

建議完成後冷藏一夜（天）再享用，讓醬汁充分入味風味更佳；香甜好吃，很適合當成便當常備料理。

🕐 保存方式

待涼，放入密封保鮮盒中冷藏保存。

最佳賞味期 妥善冷藏，大約 5 天。

嫩薑炒鮮蔬

材料 2～3 人份

黑木耳…100g
茭白筍…140g（2 根）
嫩薑…10g
辣椒…5g

調味料
油…2 小匙
清水…50ml
海鹽…1/2 小匙
香油…1 小匙

作法

1 黑木耳捲起後切絲、茭白筍先切斜切片後再切絲、嫩薑切絲、辣椒切圈。
2 起油鍋，將嫩薑、辣椒入鍋以中小火炒香。
3 黑木耳、茭白筍、清水入鍋，整鍋拌炒至茭白筍變軟。
4 以海鹽、香油調味即完成。

☺ 美味關鍵

嫩薑的風味清香獨特，用在炒時蔬料理時很能突顯時蔬的爽香口感，尤其是這道料理的黑木耳及茭白筍，與嫩薑簡直絕配。

◐ 保存方式

待涼，放入密封保鮮盒中冷藏保存。

最佳賞味期 妥善冷藏約 4 天。

炒香辣白蘿蔔

材料 3 人份

白蘿蔔…220g
辣椒…8g
蒜頭…2 瓣

調味料
油…1 大匙
清水…50ml
海鹽…1/3 小匙
白胡椒粉…少許

作法

1 白蘿蔔削皮後先切片再切成絲、蒜頭切成末、辣椒切圈。
2 起油鍋，將蒜末及辣椒圈入鍋炒香。
3 將白蘿蔔絲、清水入鍋以中小火拌炒，翻炒至白蘿蔔變軟。
4 以海鹽及白胡椒粉調味，拌勻即完成。

☺ 美味關鍵

盛產季節所產的白蘿蔔汁多味甜，除了煮湯、醃漬，另清炒也是很棒的選擇；這道炒白蘿蔔作法簡單，特別於起鍋前加入些許白胡椒粉，讓整體香氣提升許多，如不勝辣味，可將辣椒減量或白胡椒粉換成些許香油，也很合味道。

◐ 保存方式

待涼，放入密封保鮮盒中冷藏保存。

最佳賞味期 妥善冷藏或約 5 天。

蒜味胡蘿蔔佐洋蔥

材料 3 人份

紅蘿蔔…200g
洋蔥…50g

調味料

油…1 大匙
蒜泥…1/2 小匙
清水…50ml
海鹽…1/2 小匙
白芝麻…1 小匙

作法

1 洋蔥逆紋切絲、紅蘿蔔先切片再切成絲。
2 熱油鍋，將洋蔥、蒜泥入鍋拌炒，炒至
　洋蔥呈現半透明。
3 加入紅蘿蔔、清水，整鍋拌炒至洋蔥染
　成淺橘色。
4 以海鹽調味、加入白芝麻，整鍋拌勻即
　完成。

☺ 美味關鍵

洋蔥與蒜泥一起拌炒，炒至洋蔥變的香軟，蒜
泥不嗆，彼此融合後，整體風味及口感提升許
多。

◐ 保存方式

待涼，放入密封保鮮盒中冷藏保存。

最佳賞味期 妥善冷藏約 5 天。

糖醋水果甜椒

材料 2 人份

水果甜椒（黃色及紅色）…共 200g

醬汁
醬油…1/2 大匙（隨醬油鹹度微調）
烏醋…1 小醋
砂糖（二砂）…1 小匙

調味料

橄欖油…1 大匙

作法

1 水果甜椒切掉蒂頭，縱向切成絲。
2 熱油鍋，將甜椒絲入鍋，以中小火拌炒
　至軟。
3 加入醬汁，煮至入味即完成。

☺ 美味關鍵

冷藏醃漬1天後再享用，風味更佳。微酸微甜
很開胃，是夏天冰箱裡不可或缺的常備好料
理。

◐ 保存方式

● 待涼，放入密封盒中冷藏保存；如分次享
　用，則於每次以乾淨的筷子夾取。
● 適合冷藏後享用，入便當時另以小盒分裝
　（不建議覆熱）。

最佳賞味期 妥善冷藏約 4 ～ 5 天

蜂蜜芥末籽炒紅蘿蔔

材料 3 人份

紅蘿蔔…200g（1 條）
蒜頭…2 ～ 3 瓣

調味料

油…1.5 大匙
清水…50ml
法式芥末籽醬…1 小匙
蜂蜜…1 小匙
海鹽…1/4 小匙

作法

1 紅蘿蔔削皮後先切片再切成絲、蒜頭切成蒜末。
2 熱油鍋，將紅蘿蔔、清水入鍋，翻炒至紅蘿蔔變軟。
3 加入蒜末，炒香。
4 加入法式芥末籽醬、蜂蜜、海鹽，拌炒入味即完成。

😋 美味關鍵

紅蘿蔔以油炒軟後，以法式芥末籽醬及蜂蜜調味後，香甜好吃；如喜歡鬆軟的口感，可於下鍋前將紅蘿蔔絲燙軟再入鍋翻炒。

🜚 保存方式

待涼，放入密封保鮮盒中冷藏保存。

最佳賞味期 妥善冷藏約 5 天。

辣炒酸豇豆

材料 多人份

酸豇豆（醃漬）…250g
蒜頭…3~4 瓣
辣椒…15g（1 條）

調味料

油…1.5 大匙
砂糖（二砂）…1 小匙
香油…1 小匙

作法

1 酸豇豆洗過後切丁（可沖洗數次，降低鹹度）、蒜頭切成蒜末、辣椒切小圈。
2 熱油鍋，蒜末入鍋以中小火炒香。
3 酸豇豆、辣椒、砂糖入鍋，整鍋翻炒至香氣四溢。
4 以香油提味，完成。

😋 美味關鍵

醃漬過的酸豇豆鹹中帶酸已十分夠味，因此這道料理無需額外添加鹹味，以最簡便的調味，保留了酸豇豆獨特的酸香及鹹香，吃起來很過癮。

🜚 保存方式

待涼，放入密封保鮮盒中冷藏保存。

最佳賞味期 妥善冷藏或約 5 天。

經典配菜

經典的料理最能令人食指大動，完成後先冷藏，隔幾天再享用，其風味更佳，以時間換取醍醐味，就屬經典配菜了。

醬燒豆皮炒韭菜

材料 3 人份

生豆皮（未經油炸）…
200g（約 3 片）
韭菜…30g（1 小把）
辣椒…7g
蒜頭…1 瓣

調味料

油…2 小匙
清水…50ml
蠔油…1.5 大匙
海鹽…少許（依口味調整）
白胡椒粉…少許

作法

1 豆皮切絲、韭菜切段（粗梗與綠葉分開擺放）、辣椒切碎、蒜頭切末。
2 熱油鍋，將蒜末、辣椒入鍋以中小火炒香。
3 加入韭菜粗梗，拌炒至軟。
4 加入豆皮、韭菜綠葉、清水，整鍋拌炒均勻。
5 加入蠔油、白胡椒粉，拌炒至豆皮上了醬色。
6 試吃一小口，如覺得不夠鹹，再加少許海鹽調味即完成。

😊 美味關鍵

豆皮、韭菜、蠔油，三者的風味很搭配，經過簡單的拌炒調味，就是一道健康的美味料理了；如果喜歡醬汁多一些，可於調味時加些水分及增加些蠔油比例，收汁片刻，就有濃口的醬汁可以拌飯了。

🔵 保存方式

待涼，放入密封保鮮盒中冷藏保存。

最佳賞味期 妥善冷藏約 3～4 天。

芹菜炒豆乾

材料 3 人份

芹菜…200g（1 把）
豆乾…190g（6 塊）
辣椒…10g
蒜頭…2 瓣

調味料

油…1 大匙
清水…30ml
蠔油…1 小匙
鹽…1/4 小匙
白胡椒粉…少許

作法

1 芹菜摘除葉子後切小段、豆乾切片、辣椒切圈、蒜頭切末。
2 熱油鍋，豆乾入鍋以中小火煸至金黃焦香感。
3 蒜末、辣椒圈入鍋炒香。
4 芹菜、清水入鍋翻炒，拌炒至軟。
5 以蠔油、海鹽、白胡椒調味後即完成。

😃 美味關鍵

豆乾以熱油煸至焦香能讓整體風味更提升，另蠔油可帶出豆乾的香氣，清脆的芹菜則使整體口感達到清爽平衡。

🕙 保存方式

待涼，放入密封保鮮盒中冷藏保存。

最佳賞味期 妥善冷藏約 3～4 天。

炒木耳三絲

材料 2～3 人份

豬肉絲（梅花肉）…100g
黑木耳…100g
雞蛋…2 顆
青蔥…10g（1 根）

醃料

醬油…1 小匙
白胡椒粉…少許

調味料

油…2 小匙
清水…50ml
醬油…2 小匙
香油…1 小匙
海鹽…少許（隨醬油鹹度調整）

作法

1 豬肉絲加入醃料拌勻，靜置醃 5 分鐘；黑木耳切絲、青蔥切成蔥花。
2 蛋絲製作：將雞蛋打散成蛋液，倒入抹了少許油（份量外）的平底鍋中，以小火煎至蛋液凝固時起鍋，略放涼後捲起並切成蛋絲。
3 原鍋，油、豬肉絲入鍋，炒至豬肉絲全熟。
4 黑木耳、蛋絲、清水、醬油入鍋，整鍋翻炒至香氣四溢。
5 試一下味道，以少許海鹽或清水彈性調整鹹度。
6 起鍋前加入香油、蔥花，拌勻即完成。

😃 美味關鍵

選用帶點油花的梅花肉來料理，可讓口感油潤好吃，另木耳及蛋絲的清爽口感與醃入味的肉絲很速配，是一道多吃幾口也不會膩的家常料理。

🕙 保存方式

待涼，放入密封保鮮盒冷藏保存。

最佳賞味期 妥善冷藏約 3～4 天。

乳酪薯餅

材料 3 ～ 4 人份

馬鈴薯…2 顆（中型 360g）
紅蘿蔔…80g（半條）
乳酪絲…25g（PIZZA 專用）

調味料
海鹽…1/3 小匙
油…少許

作法

1 馬鈴薯、紅蘿蔔削皮後切塊，放入電鍋（外鍋注入 150ml 的清水）蒸熟。
2 取出作法 1 略放涼後，瀝乾水分，搗成泥狀。
3 加入乳酪絲、海鹽，拌勻後分成多等份，每等份整形成喜歡的形狀。
4 取平底鍋（不沾鍋尤佳），於鍋面 入少許油，待鍋油均熱。
5 作法 3 入鍋香煎，煎至 2 面均呈金黃焦香感時，完成。

😋 美味關鍵

● 加了乳酪絲的薯餅經過香煎後，奶香很濃郁，口感先是焦香再來是綿密，很好吃，原本單調的薯餅，風味因此昇華了。

● 也可不油煎直接當成「薯泥沙拉」享用；於馬鈴薯及紅蘿蔔一蒸熟時即搗成泥，加入海鹽、乳酪絲，攪拌至乳酪絲完全融化即完成。

🕐 保存方式

待涼，放入密封保鮮盒中冷藏保存。

最佳賞味期 妥善冷藏，大約 3 天。

肉末炒長豆

材料 4 人份

長豆…250g（1 把）
豬絞肉…80g
蒜頭…2 瓣
辣椒…10g

調味料
油…1 大匙
清水…50ml
海鹽…1/2 小匙

醃料
醬油…1 小匙
米酒…1 小匙
白胡椒粉…少許

作法

1 長豆去除頭尾蒂頭後切丁、豬絞肉加入醃料拌勻醃 5 分鐘、蒜頭切末、辣椒切小圈。
2 熱油鍋，蒜末及辣椒入鍋以中小火拌炒至香。
3 將醃妥的豬絞肉入鍋，翻炒至 8 分熟。
4 長豆丁、清水入鍋，整鍋拌炒均勻後蓋上鍋蓋，以小火燜煮約 2 分鐘。
5 掀開鍋蓋，加入海鹽拌勻即完成。

😋 美味關鍵

將蒜末及辣椒先炒香，讓蒜與辣的香氣完全釋放後絞肉再入鍋翻炒，此舉可讓絞肉去腥、增加整體口感層次，且入味的絞肉分散於整盤長豆丁中，是這道料理美味又下飯決勝關鍵。

🕐 保存方式

待涼，放入密封保鮮盒中冷藏保存。

最佳賞味期 妥善冷藏約 3 ～ 4 天。

燜煮四季豆與肉末

材料 2 人份

四季豆…200g
豬絞肉…50g
紫（白）洋蔥…50g
辣椒…7g

醃料

醬油…1 小匙
白胡椒粉…少許

調味料

油…1 小匙
海鹽…1/2 小匙
清水…50ml

作法

1 四季豆摘除蒂頭及粗纖維後切小段、紫（白）洋蔥切小丁、辣椒切圈。
2 豬絞肉、紫（白）洋蔥加入醃料拌勻，靜置醃入味 10 分鐘。
3 熱油鍋，將作法 2 入鍋以中小火翻炒，炒至肉色變成熟色且呈現乾爽狀。
4 四季豆、清水、海鹽入鍋，拌勻後蓋上鍋蓋，以小火燜煮約 3 分鐘。
5 起鍋前加入辣椒拌勻即完成（如喜歡辣味明顯些，則於步驟 3 提前將辣椒加入拌炒）。

☺ 美味關鍵

將醃過的豬絞肉翻炒至乾爽去腥、洋蔥翻炒至甜味充分釋放，是這道四季豆料理令人齒頰留香的美味關鍵。

◐ 保存方式

待涼，瀝掉菜汁後放入密封保鮮盒中冷藏保存。

最佳賞味期 妥善冷藏約 3 ～ 4 天。

炒丁丁

材料 2 人份

紅蘿蔔…100g
洋蔥…130g（大顆，半顆量）

調味料

油…2 小匙
海鹽…1/4 小匙
黑胡椒…適量

作法

1 紅蘿蔔去皮後切成小丁、洋蔥也切成小丁狀。
2 起一鍋滾水（加少許海鹽，份量外），將紅蘿蔔丁入鍋汆燙約 5 分鐘後撈起。
3 熱油鍋，將洋蔥丁入鍋以中小火翻炒，炒至洋蔥丁邊緣呈現半透明狀。
4 紅蘿蔔丁入鍋，與洋蔥丁一起拌炒均勻。
5 以海鹽及黑胡椒調味即完成。

☺ 美味關鍵

紅蘿蔔預先汆燙，可以縮短入鍋拌炒的時間，並增加紅蘿蔔的鬆軟口感，另洋蔥炒至半透明狀，可將洋蔥的甜味完全釋放及減少辛辣感。

◐ 保存方式

待涼，瀝掉菜汁後放入密封保鮮盒中冷藏保存。

最佳賞味期 妥善冷藏約 3 ～ 4 天。

肉末炒豌豆苗

材料 2 人份

豌豆苗…180g
豬絞肉…70g
蒜頭…2 瓣
辣椒…5g

醃料

醬油…1 小匙
白胡椒粉…少許

調味料

油…2 小匙
海鹽…少許

作法

1 豌豆苗大致切成小段、豬絞肉加入醃料醃約 10 分鐘、蒜頭切末、辣椒切小圈。
2 熱油鍋,將醃妥的豬絞肉入鍋以中小火拌炒,炒至全熟且呈現乾爽狀。
3 加入蒜末及辣椒,與豬絞肉一起拌炒出香氣。
4 加入豌豆苗,整鍋拌炒至豌豆苗變軟。
5 以海鹽調味,拌勻後即完成。

😄 美味關鍵

豬絞肉下鍋前以醬油及白胡椒醃漬片刻,可以讓入鍋拌炒時釋出更多香氣,另將絞肉炒至乾爽(水分炒乾)可去除肉腥味。

🕐 保存方式

待涼,瀝掉菜汁後放入密封保鮮盒中冷藏保存。

最佳賞味期 妥善冷藏約 1 ~ 2 天。

炒義式三蔬

材料 約 3 ~ 4 人

櫛瓜…150g(1 條)
黃色甜椒…80g(半個)
紅色甜椒…80g(半個)

調味料

橄欖油…2 小匙
清水…2 大匙
無鹽奶油…5g
義大利綜合香料…1 小匙(無鹽)
海鹽…1/2 小匙(或隨口味)

作法

1 櫛瓜去蒂頭後切成小丁,甜椒去籽後也切成小丁。
2 熱油鍋,櫛瓜丁、甜椒丁、清水入鍋拌炒至喜歡的熟度。
3 加入無鹽奶油、義大利綜合香料,拌炒至奶油融化及香味四溢。
4 以海鹽調味,拌勻後即完成。

😄 美味關鍵

櫛瓜、甜椒都是可以生吃的食材,建議不要炒太軟,以保有微脆口感及鮮美色澤。

🕐 保存方式

待涼,放入密封盒中冷藏保存。

最佳賞味期 妥善冷藏約 2 天。

紅燒冬瓜

材料 3～4 人份

冬瓜…約 650g（1 輪片）
嫩薑…10g
蒜頭…1 瓣
青蔥…20g（1 根）
紅辣椒…10g

調味料
油…1 大匙
清水…200ml
香油…1 小匙
白胡椒粉…少許

醬料
醬油…2 大匙
（隨醬油鹹度
微調整）
冰糖…1 小匙
蠔油…1 大匙

作法

1 冬瓜切除皮及籽囊後切厚片（厚約 1cm）；嫩薑切絲；蒜頭切末；青蔥的蔥白切段，蔥綠切成蔥花。
2 熱油鍋，將嫩薑絲、蒜末入鍋以中小火炒香。
3 加入冬瓜、清水、醬料，全部拌勻後蓋上鍋蓋以小火燜煮約 5 分鐘（其間可掀蓋翻炒，讓冬瓜入均勻上色）。
4 掀蓋，以香油、白胡椒粉提味拌勻即完成。

😋 美味關鍵

嫩薑獨特的清香風味與冬瓜頗為搭配，經過燜煮，冬瓜口感轉為綿密，微甜的醬料也燜煮至十分入味，是道讓人意猶未盡的家常料理。

🕔 保存方式

待涼，瀝掉菜汁後放入密封保鮮盒中冷藏保存。

最佳賞味期 妥善冷藏約 4～5 天。

青苦瓜炒肉片

材料 3 人份

青苦瓜…320g（1 根）
豬肉片（梅花）…90g
蒜頭…2 瓣
柴魚片…5g（1 小把）
白芝麻…少許

肉片醃料
醬油…1 小匙
太白粉…1/2 小匙
白胡椒粉…少許

調味料
油…2 小匙
清水…100ml
海鹽…約 1/2 小匙

作法

1 豬肉片切成適口大小，加入「肉片醃料」拌勻，靜置醃 10 分鐘。
2 青苦瓜剖開後，以湯匙刮除籽囊（白色棉體盡量刮除，可降低苦味），切厚片；蒜頭切末。
3 熱油鍋，將醃妥的豬肉片入鍋以中小火翻炒至半熟。
4 蒜末入鍋，與豬肉片一起翻炒至香。
5 青苦瓜、清水入鍋，拌勻後蓋上鍋蓋，燜煮 2~3 分鐘。
6 掀開鍋蓋，加入海鹽、柴魚片，拌勻即可起鍋。
7 盛盤，撒入少許白芝麻點綴，完成。

😋 美味關鍵

豬肉片以太白粉及醬油短暫抓醃後，口感軟嫩好吃。柴魚片的海潮鮮味，為青苦瓜帶來更有深度的香氣、中和苦味，極為美妙。

🕔 保存方式

待涼，放入密封保鮮盒中冷藏保存。

最佳賞味期 妥善冷藏約 3 天。

速成家常菜

烹調方式主打簡便、力求可快速完成的新鮮副
菜，最能深得料理人的心，因為幾乎無壓力，
因此天天快速完成也不會覺得累。

XO 醬拌長豆

材料 2～3 人份

長豆…200g

汆燙料
海鹽…少許
冰水…1 小盆

調味料
市售 XO 醬…1 大匙
海鹽…1/4 小匙（或隨 XO
醬的鹹度微調）

作法

1. 長豆洗淨後切段。
2. 起一鍋滾水（水量可覆蓋長豆），加入少許海鹽，將長豆入鍋以小火汆燙約 1 分 30 秒撈起鍋（依長豆粗細調整汆燙時間，原則上汆燙至長豆的顏色轉為翠綠即可起鍋）。
3. 長豆一起鍋立即放入冰水中冰鎮，待冷卻後撈起。
4. 加入 XO 醬、海鹽，混合拌勻即完成。

😊 美味關鍵

- 汆燙涼拌蔬菜時，於滾水加入少許海鹽及起鍋後立即將蔬菜浸泡冰水冰鎮，此兩舉可讓蔬菜保有翠綠色澤、增加美味感。
- 市售XO醬風味多樣，選擇喜愛的XO醬來拌汆燙蔬菜，可讓口味更貼近自己喜好。
- 除了各式的XO醬，另辣椒醬、油蔥醬、風味醬等拌料，也都很適合用在汆燙蔬菜料理上，省時與美味兼俱。

🕐 保存方式

待涼，放入密封保鮮盒中冷藏保存。

最佳賞味期 妥善冷藏約 2 天。

豆乾炒黑木耳

材料 2～3 人份

豆乾…200g（6 塊）
黑木耳…120g
九層塔葉…30g（1 把）
蒜頭…2 瓣
辣椒…8g

調味料
油…2 大匙
海鹽（炒豆乾用）…1/2 小匙
醬油…1 大匙（隨醬油鹹度微調整）

作法

1 豆乾切小塊正方、黑木耳手撕成小片、九層塔葉洗淨、蒜頭切末、辣椒斜切片。

2 熱油鍋，將蒜末、辣椒入鍋以中小火炒香。

3 豆乾、海鹽入鍋，翻炒至豆乾呈金黃焦香感。

4 黑木耳、醬油入鍋，拌炒至黑木耳變軟、豆乾上了醬色。

5 關火，加入九層塔葉，以鍋子餘溫將九層塔葉炒軟即可起鍋。

😋 美味關鍵

豆乾以少許海鹽煎炒過，可增加豆乾的鹹香氣味。

◐ 保存方式

待涼，放入密封保鮮盒中冷藏保存。

最佳賞味期 妥善冷藏約 4～5 天。

青花筍炒肉片

材料 3 人份

豬肉片（梅花部位）…100g
青花筍…250g（1 把）
蒜頭…2 瓣

豬肉片醃料
醬油…1 小匙
白胡椒粉…少許

調味料
油…1 大匙
清水…30ml
海鹽…1/3 小匙

作法

1　豬肉片切適口大小後加入醃料，拌勻後醃 5 分鐘；青花筍洗淨後切段；蒜頭切成末。
2　熱油鍋，將醃妥的肉片、蒜末入鍋以中小火炒至肉片半熟。
3　加入青花筍、清水，整鍋拌炒至青花筍呈現翠綠色。
4　以海鹽調味後即完成。

😊 美味關鍵

肉片以醬油及白胡椒粉短暫醃漬即很入味，與青花筍一起料理可以增加口感及滿足感；快炒青菜除了蒜炒、汆燙，也試試與醃漬過的肉片一起料理吧！

◯ 保存方式

待涼，瀝掉菜汁後放入密封保鮮盒冷藏保存。

最佳賞味期 妥善冷藏約 1 ～ 2 天。

乾煎黑胡椒杏鮑菇

材料 3 人份

杏鮑菇…200g（4 小條）

調味料

海鹽…少許

黑胡椒…少許（或各式風味香料）

作法

1. 杏鮑菇免洗，縱向切成片（厚度約 0.5cm）。
2. 取平底鍋，將杏鮑菇入鍋以小火香煎。
3. 煎至底部呈金黃色，翻面續煎。
4. 雙面均煎至金黃色，以少許海鹽及黑胡椒調味，起鍋。
5. 置於網架上放涼（防底部水氣回滲），完成。

😑 美味關鍵

- 乾煎菇類時如不希望生水，下鍋前不要清洗菇類、入鍋後也不也反覆翻炒，即可避免生水，且能讓風味更加濃郁。
- 請購買真空包裝或新鮮乾淨的菇類，如表面有木屑，以軟刷輕輕刷除；如還是習慣入鍋前過水一番，則快速沖洗後拭乾水分亦可。

🕐 保存方式

待涼，放入密封保鮮盒中冷藏保存。

最佳賞味期 妥善冷藏約 1 ～ 2 天。

椒麻高麗菜

材料 3 人份

高麗菜…300g
青蔥…20g（1 根）

調味料

油…1 大匙
花椒粒…1/4 小匙
海鹽…1/2 小匙

作法

1. 高麗菜洗淨後撕成小片；青蔥切小段（蔥白及蔥綠分開）。
2. 冷鍋冷油，將花椒粒、蔥白入鍋以小火煉出花椒蔥油（可將鍋子傾斜，讓油量集中，以便煉出花椒蔥油。）。
3. 高麗菜入鍋，轉中小火翻炒至高麗菜變軟。
4. 加入蔥綠、海鹽，翻炒至蔥綠變軟即完成。

😑 美味關鍵

以冷油先煉出花椒蔥油，再以花椒蔥油來快炒高麗菜是這道料理又香又麻的美味關鍵；需特別留意別讓花椒煎至焦黑（會產生苦味），另享用時避開花椒粒（或取出）口感更佳。

🕐 保存方式

待涼，瀝掉菜汁後放入密封保鮮盒中冷藏保存。

最佳賞味期 妥善冷藏約 3 天。

速燙蘆筍

材料

蘆筍…160g（1 把）
冰塊水…可覆蓋蘆筍的份量

調味料

海鹽…1 小匙

作法

1 蘆筍削除根部較粗的纖維，切段。
2 起一鍋水（可充分覆蓋蘆筍的水量）煮至水沸騰後加入海鹽。
3 將蘆筍入鍋以中小火汆燙約 50 秒（依蘆筍的粗細，微調汆燙時間）。
4 撈起鍋後，放入冰塊水中冰鎮，冷卻後立即撈起。
5 加入喜愛的各式調味（醬料、風味椒鹽等）後即可享用。

😊 美味關鍵

汆燙涼拌蔬菜時，於滾水加入少許海鹽及起鍋後立即將蔬菜浸泡冰水冰鎮，此兩舉可讓蔬菜保有翠綠色澤、增加美味感。

🕐 保存方式

待涼，放入密封保鮮盒中冷藏保存。

最佳賞味期 妥善冷藏約 1～2 天。

焗烤茭白筍

材料 3 人份

茭白筍…5 支
乳酪絲（PIZZA 專用）…20g

調味料

油…少許

作法

1 茭白筍剝掉筍殼，縱向對切後平鋪於烤盤上（切面朝上）。
2 於茭白筍的切面刷少許油，再均勻的鋪上乳酪絲。
3 放入預熱完成的烤箱，以攝氏 200 度烤約 20 分鐘即完成（依烤箱功率微調炙烤及預熱時間）。

😊 美味關鍵

微甜的茭白筍被炙烤過的起司覆蓋著，一口咬下即可享受到清甜味中帶著濃郁奶香，口味獨特，做法也很簡單，適合想簡單料理的輕鬆時刻。

🕐 保存方式

待涼，放入密封保鮮盒中冷藏保存。

最佳賞味期 妥善冷藏，大約 2 天。

厚切櫛瓜炒香菇

材料 3 人份

櫛瓜⋯320g（2 小條）
香菇⋯60g（4 朵）
紅蘿蔔⋯20g
蒜頭⋯2 瓣

調味料
油⋯1 大匙
清水⋯50ml
海鹽⋯1/2 小匙
白胡椒粉⋯少許

作法

1. 櫛瓜洗淨，先縱切再切成厚切片（厚約 1cm）；香菇切小塊、紅蘿蔔切成絲、蒜頭切成末。
2. 熱油鍋，將蒜末、紅蘿蔔入鍋以中小火炒香。
3. 將櫛瓜、香菇及清水入鍋翻炒均勻後蓋上鍋蓋，以小火燜煮約 2 分鐘（中途可掀蓋翻炒）。
4. 掀蓋，以海鹽、白胡椒調味拌勻即完成。

😋 美味關鍵

● 將櫛瓜切成厚片入鍋翻炒，其口感極為脆甜，即使經過短暫燜煮也不會太過軟爛。
● 選購櫛瓜時留意新鮮度，盡量選購果皮緊實、蒂頭新鮮的櫛瓜，較不會有苦味。

🕐 保存方式

待涼，放入密封保鮮盒中冷藏保存。

最佳賞味期 妥善冷藏約 2 天。

乾煎菇佐七味粉

材料 3～4 人

新鮮香菇⋯100g（6 朵）

調味料
海鹽⋯少許
唐辛子七味粉⋯少許

作法

1. 切掉香菇蒂頭，持刀於香菇面 45 度角入刀，刻一個米字或十字（切下的蒂頭及邊料可用於其他料理）。
2. 取平底鍋，將香菇入鍋以小火乾煎（刻花那面先煎），煎至香氣飄出時翻面。
3. 略煎片刻後，少許海鹽及唐辛子七味粉即完成。

😋 美味關鍵

● 乾煎菇類時，菇類不經過水洗（以軟刷刷掉木屑）、入鍋後也不過度翻炒，即可減少菇類入鍋後大量出水的機會，香氣也較濃郁。
● 請購買品質好、新鮮的香菇，如還是習慣入鍋前過水一番，則快速沖洗後拭乾水分亦可。

🕐 保存方式

待涼，放入密封保鮮盒冷藏保存。

最佳賞味期 妥善冷藏保存約 2 天。

燜煮薑味青花菜

材料 3～4 人份
青花菜…200g（1 小顆）
老薑…5g

調味料
清水…50ml
香油…1 小匙
海鹽…1/4 小匙

作法

1. 青花菜去掉根部粗皮後切小朵、老薑切成薑絲。
2. 鍋內加入清水、青花菜、薑絲，蓋上鍋蓋以小火燜煮至鍋邊冒出白煙。
3. 掀蓋，加入香油、海鹽拌勻即完成。

😋 美味關鍵

冷鍋加入少許水分及青菜燜煮片刻，掀蓋後佐以油品及調味即起鍋，此料理手法不起油煙，油品也不因高溫而有變質的疑慮，如果不喜歡熱炒青菜時所產生的油煙，那麼試試更健康的水油料理手法吧！

🕐 保存方式

待涼，放入密封保鮮盒冷藏保存。

最佳賞味期 妥善冷藏保存約 2 天。

香油炒鮮菇

材料 2 人份
鴻喜菇…150g（1 包）
雪白菇…150g（1 包）
香菜…10g（1 株）
蒜頭…1 瓣

調味料
香油…2 小匙
海鹽…1/4 小匙

作法

1. 鴻喜菇、雪白菇切掉蒂頭後掰散；香菜切段；蒜頭切末。
2. 取平底鍋，將鴻喜菇及雪白菇入鍋（鋪平），以小火乾煎，煎至香氣飄出。
3. 煎至菇變軟時，加入蒜末、香油，輕輕翻炒均勻。
4. 加入香菜、海鹽，拌勻即完成。

😋 美味關鍵

乾煎菇類時如不希望菇類生水，下鍋前可不要清洗菇類、入鍋後也不要反覆翻炒即可避免生水；此料理法能讓菇類風味更加濃郁。

🕐 保存方式

● 待涼，以密封保鮮盒冷藏保存。

最佳賞味期 妥善冷藏，大約 2 天。

蒜片黑胡椒甜豆

材料 2 人份
甜豆…150g
蒜頭…1 ～ 2 瓣

調味料
油…2 小匙
清水…30ml
海鹽…1/4 小匙
黑胡椒…少許

作法

1. 甜豆洗淨後挑除蒂頭及側邊粗纖維、蒜頭切片。
2. 起油鍋，將蒜片入鍋以小火煸香。
3. 甜豆、清水入鍋，以中小火翻炒至甜豆全熟。
4. 起鍋前以海鹽、黑胡椒調味即完成。

😋 美味關鍵

蒜片以小火先煸出香氣後，再以留有蒜香的鍋油來拌炒甜豆，讓甜豆有著淡淡的蒜香，起鍋前再加入少許黑胡椒更添風味。

🕐 保存方式

待涼，放入密封保鮮盒冷藏保存。

最佳賞味期 妥善冷藏約 2 天。

油煎鹹酥風味櫛瓜

材料 2 人份
櫛瓜…200g（1 條）

調味料
油…1 小匙
風味椒鹽…隨喜好

作法

1. 櫛瓜厚切成 1 公分後再對切成半圓形。
2. 起油鍋，將櫛瓜入鍋以中小火香煎。
3. 雙面均煎至呈金黃色時，撒入少許風味椒鹽（或各式喜愛的調味料）後起鍋。
4. 置於網架上（可防底部熱蒸氣回滲，影響口感）片刻即可享用。

😋 美味關鍵

櫛瓜入鍋後先不要急著翻面，待底部定色時（金黃色）再翻面續煎，減少翻動的次數可讓櫛瓜香氣較足，另口感也會較脆口。

🕐 保存方式

待涼，放入密封保鮮盒中冷藏保存（如有出水則瀝掉水分）。

最佳賞味期 冷藏約 2 天。

香煎奶油蘆筍

材料 2 人份

大蘆筍…150g（5 支）

調味料

無鹽奶油…10g

海鹽…少許

黑胡椒…少許

作法

1 大蘆筍以刨刀削除根部粗纖維，切段。

2 冷鍋放入無鹽奶油，以小火將奶油煮至融化。

3 蘆筍入鍋，煎至熟且香氣四溢。

4 撒入少許海鹽及黑胡椒即完成。

😊 美味關鍵

全程以小火慢煎，將奶油的香氣煎至入味，起鍋前再佐入基本調味（或喜愛的調味料），就是簡單又美味的原食料理。

🌀 保存方式

待涼，放入密封保鮮盒中冷藏保存。

最佳賞味期 妥善冷藏約 2 天。

奶油菇

材料 2 人份

秀珍菇…160g

香菇…60g（3 朵）

調味料

無鹽奶油…10g

海鹽…1/4 小匙

黑胡椒…少許

作法

1 秀珍菇縱向手撕成條狀、新鮮香菇切片。

2 冷鍋放入奶油，以中小火煮至奶油融化。

3 放入秀珍菇及香菇（攤平於鍋面），以中小火煎至底部呈現微金黃色。。

4 加入黑胡椒，整鍋輕輕翻炒。

5 以海鹽調味並拌勻即完成。

😊 美味關鍵

● 乾煎菇類時，菇類不經過水洗（以軟刷刷掉木屑）、入鍋後也不過度翻炒，即可減少菇類入鍋後大量出水的機會，香氣也較濃郁。

● 請購買品質好、新鮮的香菇，如還是習慣入鍋前過水一番，則快速沖洗後拭乾水分亦可。

🌀 保存方式

待涼，放入密封保鮮盒中冷藏保存。

最佳賞味期 妥善冷藏約 2 天。

蒜炒長豆

材料 2～3人份

長豆…200g
蒜頭…3～4瓣
辣椒…8g

調味料

油…2小匙
清水…50ml
海鹽…1/2小匙

作法

1. 長豆去除頭尾蒂頭,切段;蒜頭切成末、辣椒切小圈。
2. 熱油鍋,蒜末、辣椒入鍋以中小火炒香。
3. 長豆、清水入鍋,拌炒均勻後蓋上鍋蓋,燜煮至軟(或喜歡的口感)。
4. 起鍋前以海鹽調味即完成。

😋 美味關鍵

以熱油先將蒜末及辣椒炒香,是這道料理的香氣來源,請留意蒜末不要炒過頭,以免產生苦味。

🕐 保存方式

待涼,瀝掉菜汁後放入密封保鮮盒中冷藏保存。

最佳賞味期 妥善冷藏約2～3天。

辣炒味噌高麗菜

材料 3人份

高麗菜…300g
蒜頭…2瓣
辣椒…5g

醬料(預先調勻)

味噌…2大匙 *
清水…3大匙

★ 市售味噌醬口味眾多,請於調勻後試一下味道(嚐起來比正常口味再鹹一點即可)。

調味料

油…2小匙

作法

1. 高麗菜洗淨後以手撕成小片、蒜頭切末、辣椒切成圈。
2. 熱油鍋,將蒜末、辣椒入鍋以中小火炒香。
3. 高麗菜入鍋,翻炒至軟。
4. 加入醬料,整鍋翻炒入味均勻即可起鍋。

😋 美味關鍵

辣椒與味噌醬看似衝突,但因為大量的高麗菜的爽甜味平衡了口感,微辣微香又微甜,協調又下飯。

🕐 保存方式

待涼,瀝掉菜汁後裝入密封保鮮盒中冷藏保存。

最佳賞味期 妥善冷藏約2～3天。

蠔油高麗菜炒香菇

材料 3～4人份

高麗菜…400g
新鮮香菇…80g（約3朵）
蒜頭…2瓣

調味料
油…1大匙
清水…50ml
海鹽…1/4小匙
蠔油…1大匙
白胡椒粉…少許

作法

1. 高麗菜洗淨後手撕成小片狀、香菇切片、蒜頭切末。
2. 熱油鍋，將蒜末、香菇入鍋以中小火炒香。
3. 高麗菜、清水入鍋，整鍋拌炒均勻後蓋上鍋蓋，以小火燜煮至高麗菜變軟（或鍋邊冒出少許白煙）。
4. 掀蓋，以蠔油、海鹽、白胡椒調味，拌勻後即完成。

😋 美味關鍵

高麗菜以手撕成碎片比起刀切更多汁爽脆，另調味料中的白胡椒粉可中和香菇氣味，兩者互搭很對味。

🕐 保存方式

待涼，瀝掉菜汁後放入密封保鮮盒中冷藏保存。

最佳賞味期 妥善冷藏約2天。

豆瓣醬炒粉豆

材料 2～3人份

粉豆（醜豆）…160g（1把）
蒜頭…1瓣

醬汁（預先調和）
辣豆瓣醬…2小匙
甜麵醬…2小匙
清水…2大匙

調味料
油…1小匙

作法

1. 粉豆去除粗纖維後切段、蒜頭切成蒜末。
2. 起一鍋滾水（加少許鹽，份量外），粉豆入鍋汆燙約1分30秒，撈起鍋。
3. 熱油鍋，蒜末炒香。
4. 入醬汁，煮至醬汁沸騰。
5. 汆燙過的粉豆入鍋，整鍋拌炒均勻即完成。

😋 美味關鍵

粉豆先汆燙至幾乎全熟再入鍋與醬汁快速拌勻，可避免粉豆過度拌炒影響風味，且縮短熱炒的時間，料理的過程輕鬆許多。

🕐 保存方式

待涼，放入密封保鮮盒中冷藏保存。

最佳賞味期 妥善冷藏約2天。

水油炒蒜味小白菜

材料 2 人份

小白菜…300g
蒜頭…1 瓣

調味料
油…1 小匙
清水…1 大匙
海鹽…少許

作法

1. 小白菜洗淨後切段、蒜頭切末。
2. 依序將蒜末、小白菜、油、清水放入鍋中，蓋上鍋蓋，以小火烹煮。
3. 煮至鍋蓋邊緣冒出少許白煙即打開鍋蓋。
4. 以少許海鹽調味，拌勻後即完成。

😀 美味關鍵

「水油炒菜」是指蔬菜由冷鍋冷油（或起鍋前再拌入油）開始烹煮，過程中不會產生油煙、油品不易變質、風味也比純汆燙的可口，是健康與美味兼備的料理手法。

🔵 保存方式

待涼，放入密封保鮮盒中妥善冷藏保存。

最佳賞味期 妥善冷藏約 1～2 天。

涼拌蜂蜜芥末蘆筍

材料 2 人份

蘆筍…200g

汆燙料
鹽…少許
冰塊水…適量

調味料
法式芥末籽醬…2 小匙
海鹽…1/4 小匙
橄欖油…1/4 小匙
蜂蜜…1 小匙（可隨口味調整或省略）

作法

1. 蘆筍以刨刀削除根部較粗纖維，切段。
2. 起一鍋水（可以覆蓋蘆筍的水量），水滾後加少許海鹽煮至融化，將蘆筍入鍋以中小火汆燙煮約 1 分鐘後撈起鍋。
3. 蘆筍一起鍋立即放入冰水中冰鎮，冷卻後撈起。
4. 加入調味料，拌勻即完成。

★ 適合冷藏後享用，風味最佳；入便當時另以小盒分裝（不建議覆熱）。

😀 美味關鍵

汆燙涼拌蔬菜時，於滾水加入少許海鹽及起鍋後立即將蔬菜浸泡冰水冰鎮，此兩舉可讓蔬菜保有翠綠色澤、增加美味感。

🔵 保存方式

放入密封保鮮盒中冷藏保存。

最佳賞味期 冷藏約 1 天。

玉米筍炒鮮菇

材料 2 人份
玉米筍⋯100g
新鮮香菇⋯70g（大朵 2 朵）

調味料
油⋯2 小匙
清水⋯50ml
醬油⋯2 小匙
白胡椒粉⋯少許

作法
1. 玉米筍切滾刀塊、新鮮香菇切片。
2. 鍋子入油，將玉米筍入鍋以中小火香煎，煎至金黃焦香。
3. 新鮮香菇及清水入鍋，翻炒至香菇變軟。
4. 以醬油、白胡椒粉調味，拌勻後即完成。

😋 美味關鍵
起鍋前加入適量白胡椒粉，能讓這道料理增添獨特風味，且白胡椒粉與玉米筍及香菇彼此味道很契合。

🕐 保存方式
待涼，放入密封保鮮盒中冷藏保存。

最佳賞味期 妥善冷藏約 3～4 天。

水油蒸煮芥蘭

材料 2～3 人份
芥蘭⋯300g
蒜頭⋯2 瓣

調味料
無鹽高湯⋯30ml（或清水）
油⋯2 小匙
海鹽⋯1/4 小匙（或隨口味）

作法
1. 以刨刀削除芥蘭根部的粗纖維，切段；蒜頭切成蒜末。
2. 將蒜末、無鹽高湯（或清水）、切妥的芥蘭、油，全部入鍋（冷鍋）。
3. 蓋上鍋蓋，打開爐火，以中小火煮至鍋蓋的邊緣冒出白煙。
4. 熄火，掀鍋蓋後加入少許海鹽，拌勻後即完成。

😋 美味關鍵
作法3的鍋蓋冒出白煙立即關爐火，不要蒸煮太久，以保有芥蘭的翠綠感及營養素不至流失太多。

🕐 保存方式
待涼，裝入密封盒中（如有菜汁則瀝掉）冷藏保存。

最佳賞味期 妥善冷藏約 1 天。

蒜炒時蔬

材料 3 人份

茭白筍…230g（4 支）
青花菜…120g（半顆）
蒜頭…2 瓣

調味料
油…1 大匙
海鹽…1/2 小匙
清水…30ml

作法

1. 茭白筍剝掉筍殼後切滾刀塊、青花菜切小朵、蒜頭切成蒜末。
2. 熱油鍋，以中小火將蒜末炒香。
3. 茭白筍、青花菜、清水入鍋拌勻後蓋上鍋蓋，燜煮至鍋蓋邊緣冒出少許白煙。
4. 掀蓋，以海鹽調味並拌勻即完成。

😋 美味關鍵

步驟3鍋蓋邊一冒出白煙即打開鍋蓋，快速的調味後起鍋，避免燜煮太久，較能保留青花菜的色澤，茭白筍的口感也不會太過軟爛。

🕙 保存方式

待涼，瀝掉菜汁後放入密封保鮮盒中冷藏保存。

最佳賞味期 妥善冷藏約 2 天。

汆燙翠綠球芽甘藍

材料

球芽甘藍…份量隨興

汆燙料
海鹽…少許
冰水…適量

作法

1. 球芽甘藍洗淨後切掉蒂頭，縱向對切。
2. 起一鍋滾水（水量可充分覆蓋球芽甘藍）加少許海鹽。
3. 將球芽甘藍入鍋，以中小火汆燙約 3 分鐘撈起鍋（依球芽甘藍大小微調汆燙時間，或燙至喜歡的口感為止）。
4. 撈起鍋後立刻投入冰水中冰鎮，冷卻後瀝乾水分。
5. 佐入各式喜愛的調味料（海鹽、和風醬料、風味椒鹽、蜂蜜芥末籽醬等）即可享用。

😋 美味關鍵

- 選購葉子翠綠看起來新鮮的球芽甘藍較不易有苦味，另完全切除蒂頭及煮至熟透也能降低球芽甘藍的特有苦味（葉子發黃、蒂頭發黑或有黏稠感的則為不新鮮）。
- 汆燙青菜時加少許海鹽，可讓燙過的青菜保持翠綠，起鍋後再冰鎮則能定色。

🕙 保存方式

待涼，放入密封保鮮盒中冷藏保存。

最佳賞味期 妥善冷藏，大約 3～4 天。

手撕高麗菜炒玉米筍

材料 4 人份
高麗菜…400g
玉米筍…60g（5 小支）
蒜頭…2 瓣

調味料
油…1 大匙
清水…50ml
鹽…1/2 小匙

作法

1. 高麗菜手撕成小葉片狀、玉米筍斜切、蒜頭切末。
2. 熱油鍋，將蒜末、玉米筍入鍋炒香。
3. 加入高麗菜、清水，整鍋拌炒至高麗菜變軟。
4. 以海鹽調味即完成。

😀 美味關鍵

選擇剖開後葉片間隙蓬鬆的高麗菜，其口感較為爽甜好吃，另料理時以「手撕」成片，會比「刀切」更能提供脆口感及保留更多營養。

🕙 保存方式

待涼，瀝掉菜汁後放入密封保鮮盒中冷藏保存。

最佳賞味期 妥善冷藏約 2～3 天。

水油煮豌豆苗

材料 2 人份
豌豆苗…200g

調味料
清水…50ml（高湯亦可）
海鹽…1/2 小匙
油…1 小匙

作法

1. 鍋內（冷鍋）依序放入清水（或高湯）、洗淨後的豌豆苗，蓋上鍋蓋，以小火燜煮至鍋邊冒出緩緩白煙（或豌豆苗變軟）。
2. 打開鍋蓋，加入海鹽及油，拌勻即完成。

😀 美味關鍵

以最簡單及無油煙的烹調手法來料理豌豆苗是最適合的，其整體口感清甜無負擔感，很適合與口味較重的料理一起互相搭配。

🕙 保存方式

待涼，瀝掉菜汁後放入密封保鮮盒中冷藏保存。

最佳賞味期 妥善冷藏約 1～2 天。

海味櫛瓜茭白筍

材料 3～4人份

櫛瓜…140g（1小條）
茭白筍…120g（2根）
蝦米（乾）…6g
蒜頭…2瓣

調味料
油…2小匙
米酒…1大匙
清水…50ml
海鹽…1/4小匙
蒜味黑胡椒粉…少許（可省略或以黑胡椒取代）

作法

1. 櫛瓜去蒂頭後切滾刀塊、茭白筍去筍殼後也切成滾刀塊、蒜頭切成末。
2. 熱油鍋，將蝦米及蒜末入鍋以中小火炒香。
3. 櫛瓜、茭白筍及米酒入鍋拌炒均勻。
4. 加入清水、蓋上鍋蓋以小火燜煮約1分鐘。
5. 掀蓋，以海鹽及蒜味黑胡椒粉調味後即完成。

☺ 美味關鍵

蝦米的海味頗能帶出櫛瓜及茭白筍的爽甜口感，彼此融合出鮮美滋味，風味獨特一定要試試。

◷ 保存方式

待涼，放入密封保鮮盒中冷藏保存。

最佳賞味期 妥善冷藏約2～3天。

快拌芥末籽蜂蜜秋葵

材料 2人份

秋葵…約110g（1把）

汆燙材料
海鹽…1小匙

醬料，預先調勻
法式芥末籽醬★…1小匙
蜂蜜…1小匙
鰹魚醬油…1小匙

★ 法式芥末籽醬可於各大超市、賣場或網購購得。

作法

1. 秋葵洗淨，將蒂頭以刨刀削除。
2. 起一鍋滾水（加入海鹽），將秋葵入鍋汆燙約1分鐘起鍋，起鍋後立即投入冰水，以冰水冰鎮至涼，撈起（瀝掉水分）。
3. 盛盤後淋入預先調勻的醬料即可享用。

☺ 美味關鍵

● 汆燙涼拌蔬菜時，於滾水加入少許海鹽及起鍋後立即將蔬菜浸泡冰水冰鎮，此兩舉可讓蔬菜保有翠綠色澤、增加美味感。
● 冷藏後享用更美味，很適合炙熱夏季享用，如裝入便當則建議另外裝盒，以涼拌菜方式享用（免覆熱）。

◷ 保存方式

待涼，放入密封保鮮盒中冷藏保存。

最佳賞味期 妥善冷藏約2天。

四季豆炒紅藜麥

材料 2～3 人份

四季豆…200g（1 把）
紅藜麥（煮熟）…3 大匙★
蒜頭…3 瓣

調味料

油…1 大匙
海鹽…1/2 小匙
香油…1 小匙

作法

1　四季豆去除頭尾粗纖維後切小丁、蒜頭切成蒜末。
2　熱油鍋，將蒜末入鍋以中小火炒香。
3　四季豆入鍋，翻炒至顏色變成翠綠色。
4　將煮熟的紅藜麥、海鹽、香油入鍋，整鍋翻炒均勻即完成。
★　水與紅藜麥以3：1的比例，以電鍋蒸煮至開關鍵跳起即成熟藜麥（外鍋加100ml的清水），待涼後可冰冷藏，當成常備食材。

😀 美味關鍵

紅藜麥擁有優質的蛋白質、膳食纖維、植化素等營養，與四季豆一起拌炒除可增加料理色澤，營養也大躍進。

🕐 保存方式

待涼，放入密封保鮮盒中冷藏保存。

最佳賞味期 妥善冷藏約 3～4 天。

水煮玉米筍

材料 3 人份

玉米筍（1 把）…100g

汆燙材料

海鹽…1 小匙

作法

1　起一鍋滾水（水量可覆蓋玉米筍），加入海鹽。
2　玉米筍入鍋，約煮 3 分鐘後撈起鍋，投入冰水中冰鎮。
3　玉米筍冷卻後撈起，完成。

😀 美味關鍵

新鮮的玉米筍以鹽水汆燙、冰鎮後就可以享用了，無需其他調味料，單吃的口感就很清甜。

🕐 保存方式

待涼，放入密封保鮮盒中冷藏保存。

最佳賞味期 妥善冷藏約 3 天。

醋辣豆芽

材料 2～3 人份

綠豆芽…250g
韭菜…15g（2 根）
辣椒…6g

調味料
油…1/2 大匙
蘋果醋…1 小匙
砂糖（二砂）…1 小匙
海鹽…1/2 小匙

作法

1. 綠豆芽挑掉豆尾（挑掉口感較佳，但可省略不挑）、韭菜切段（粗梗與葉分開）、辣椒切圈。
2. 熱油鍋，將韭菜粗梗入鍋以中小火炒軟。
3. 綠豆芽、韭菜綠葉入鍋，大致翻炒均勻。
4. 加入蘋果醋、砂糖、海鹽，整鍋拌至綠豆芽變軟。
5. 嚐一下味道，調整成喜歡的風味（加強酸或辣）即完成。

😊 美味關鍵

豆芽菜挑去頭尾的口感極為爽脆，視覺效果也較佳，但一根根挑除頗為耗時，可購買市售已挑過豆尾的豆芽菜，或省略不挑掉，直接入鍋也可以。

🕐 保存方式

待涼，放入密封保鮮盒中冷藏保存。

最佳賞味期 妥善冷藏約 2～3 天。

焗烤青花菜

材料 2 人份

青花菜…150g（1 小朵）
乳酪絲（PIZZA 專用）…20～25g

汆燙材料
海鹽…1 小匙

作法

1. 青花菜分切小朵、去掉粗皮。
2. 起一鍋滾水，水中加入海鹽，拌融化後將青花菜入鍋汆燙。
3. 燙約 30 秒（青花菜顏色轉翠綠）撈起鍋。
4. 瀝乾水分後，放在烤皿上，均勻的鋪上乳酪絲。
5. 放入預熱完成的烤箱，以攝氏 180 度烤約 10 分鐘即完成。

😊 美味關鍵

將青花菜快速的汆燙後炙烤，可縮短炙烤的時間許多，且口感較為含水多汁，另於上面鋪上乳酪絲，讓整體口感充滿奶香，十吃好吃。

🕐 保存方式

待涼，放入密封保鮮盒中冷藏保存。

最佳賞味期 妥善冷藏約 1～2 天。

一週便當 A 計劃

健康飲食或飲食控制者的「一週便當計劃」

	MON	**TUE**
備餐方向	經過假日的無限制飲食，今天開始恢復健康的飲食吧，主菜就以低脂且富含優質蛋白質的蝦子料理做為先鋒吧，剛好蝦子料理也較不易久放，因此安排在今天或明天都很適合。 副菜部分則可於昨天全部完成，一早（或前一晚）裝盒後就可以拎出門了，或一早烤土司時，順便烤一道焗烤茭白筍也是很省時省力的做法。	昨天下班或今天早上有上健身房練一波嗎？ 如果有，那麼今天一定要安排這道燕麥牛肉堡料理，高蛋白、營養的牛肉料理很適合運動後補充能量，另加了健康的燕麥，口感超級搭，好吃極了。 副菜則以當天或前一晚現炒的櫛瓜料理來平衡口感，另蝦仁蛋一定要盡快享用完畢，新鮮的蝦子可是會回饋一口 Q 彈呢。
便當	蒜味蝦便當 	燕麥牛肉堡便當 
主菜 利用假日完成，冷藏或冷凍保存，依耐放度安排至週間各天。	蒜味蝦 	燕麥牛肉堡
速成家常菜 可當天或前一晚輕鬆速成，大部分是青菜類。	焗烤茭白筍＋XO 醬拌長豆 	厚切櫛瓜炒香菇
經典配菜 假日（或當天）完成，多天後再吃更入味。		
蛋白質副菜 於週一完成兩天份，週三再完成三天份，或天天煮一份蛋白質料理也可以。	蘑菇蛋 	蝦仁蛋
常備料理 假日完成，數日後再吃更入味好吃，可安排至週間的中後段享用。		辣豆瓣炒苦瓜

WED	**THU**	**FRI**

芋頭控終於忍到今天了，將假日完成的芋泥肉丸安排在今天正適合，除了風味更融合，另能以自己最喜歡的食物來迎接小週末，真是太完美了。

副菜就來份快速汆燙的蘆筍吧，另前幾天備妥的紅蘿蔔已經入味了，今天吃，正好。

因此，小週末的便當只需煎個蛋，就完成了。

★提前準備：如有預計安排至星期四的冷凍主菜，今天一早需移至冷藏室退冰。

健康飲食的人最愛的雞胸肉料理一定要安排進來的，將調味較濃郁的茄汁嫩雞安排在今天享用，味道更有層次了，很好吃。副菜部分則開始搬出常備菜了，有些常備菜就是愈放愈好吃，雖在5天內都是享用時機，但風味更入味的時機就是今明兩天呀，趕緊安排進來吧！

★提前準備：如有預計安排至星期五的冷凍主菜，今天一早需移至冷藏室退冰。

來到星期五了，冰箱裡的常備料理吃的差不多了，檢視一下，除了預計安排在今天的常備主菜，另冰箱是否有遺漏的料理，或尚未煮的新鮮食材，都盡量裝進今天的便當裡（或記錄下來），以方便假日採購新食材。

★可以開始規劃下週的菜單及明後天的採買清單了。

芋泥肉丸便當

茄汁嫩雞便當

醬燒翅小腿便當

芋泥肉丸

茄汁嫩雞

醬燒翅小腿

涼拌蜂蜜芥末蘆筍

辣炒味噌高麗菜

手撕高麗菜炒玉米筍

豆乾炒黑木耳

茭白筍煎蛋

甜味藜麥紅蘿蔔

簡易番茄蛋卷

開胃紅蘿蔔炒肉末

韭菜肉末炒菇

一週便當 B 計劃

日日爽吃便當的「一週便當計劃」

	MON	**TUE**
備餐方向	一週的首日總是比較疲累，幸好今天的便當已在昨天放假日完成了，本日的安排重點是將需要盡快完吃的主菜安排進來（例如蝦子、適合放入便當的海鮮等）。 但今天我安排的是蔥油雞，雖然蔥油雞可再放幾天，但累累的星期一好需要蔥油雞的療癒，就開心的安排想吃的主菜吧。 副菜部分則可於昨天全部完成，一早（或前一晚）裝盒後就可以拎出門了。	將較不耐放的副菜或不想放太多天（等不及想吃）的主菜安排在今天，副菜部分尚可延續假日備妥的經典配菜、如想新鮮現炒蔬菜也可於昨天晚上或今早快速完成，輕鬆愉快的備妥星期二便當，快樂的出門上班或上課囉！
便當	蔥油雞便當 	乾式咖哩蓋飯便當 
主菜 利用假日完成，冷藏或冷凍保存，依耐放度安排至週間各天。	蔥油雞 	乾式咖哩
速成家常菜 可當天或前一晚輕鬆速成，大部分是青菜類。	海味櫛瓜茭白筍 	蒜炒時蔬
經典配菜 假日（或當天）完成，多天後再吃更入味。	紅燒冬瓜 	
蛋白質副菜 於週一完成兩天份，週三再完成三天份，或天天煮一份蛋白質料理也可以。	韭菜肉末蛋卷 	
常備料理 假日完成，數日後再吃更入味好吃，可安排至週間的中後段享用。		

WED	THU	FRI

WED

一週來到第三天了，今天需檢視一下冰箱裡的食材所剩數量，除將計劃中的主菜放入便當裡，另常備料理今天也可以開始享用了，放了多日的常備料理風味極佳，今天起正是大快朵頤的時候。

★提前準備：如有預計安排至星期四的冷凍主菜，今天一早需移至冷藏室退冰。

THU

本週辛苦工作（或努力上課）來到了第四天了，犒賞一下辛苦的自己，今天的便當主菜就吃好一點吧，耐放的照燒大雞腿經過冷藏室妥善保存多日後，果然十分入味好吃；副菜部則以可以快速完成的為第一選擇，飽足便當～很快就完成了。

★提前準備：如有預計安排至星期五的冷凍主菜，今天一早需移至冷藏室退冰。

FRI

來到星期五了，等了好多天終於可以大口吃著冰糖紅燒肉了，經過多日的靜置入味，今天的紅燒肉堪稱一絕！

主菜很歡樂，副菜就來些清爽的家常快速料理吧，奶油菇與長豆正是首選。

對了，今天一早必需檢視一下冰箱，記錄一下所剩的食材或是否有忘了吃的料理，統籌整理後，再妥善的規劃下一週的菜單吧

★一早或昨天晚上如果有空閒時間，就來個清冰箱料理吧，將冰箱裡的零星食材充份利用到極致。

蔬菜味噌肉醬蓋飯

照燒大雞腿便當

古早味冰糖紅燒肉

蔬菜味噌肉醬

照燒大雞腿

古早味冰糖紅燒肉

香煎奶油蘆筍

奶油菇＋蒜炒長豆

小蛋鬆

蜂蜜芥末籽炒紅蘿蔔

非常感謝你撥冗閱讀，期盼這本專為「減輕做便當所產生的壓力」而設計的料理書，能讓你的忙碌生活與手作便當取得最完美的平衡，讓每天帶健康便當之餘，還能有寬裕的時間享受當下的幸福時光。

籌備本書後期階段時，正逢 COVID-19 疫情警戒期間，外出買採買食材很不容易，因此只好停下稿件，一邊拖稿一邊等待，在此感謝出版社及編輯小姐對作者大拖稿的行為給予最大的包容。還要感謝親愛的家人們，於新書籌備期間所給予的大力支援及體諒，我愛你們。

期待本書出版時，全世界的 COVID-19 疫情已獲得控制，大家可以如同以往一樣，摘掉口罩展開笑靨、自在的前往各地旅行、品嚐當地的美食、體驗生活及生命的各種美好。

bon matin 137

愛妻省力便當

作　　者	貝蒂
攝　　影	劉玉崙、貝蒂
社　　長	張瑩瑩
總 編 輯	蔡麗真
美術編輯	林佩樺
封面設計	倪旻鋒

責任編輯	莊麗娜
行銷企畫	林麗紅
出　　版	野人文化股份有限公司
發　　行	遠足文化事業股份有限公司〔讀書共和國出版集團〕
	地址：231 新北市新店區民權路 108-2 號 9 樓
	電話：（02）2218-1417
	傳真：（02）86671065
	電子信箱：service@bookrep.com.tw
	網址：www.bookrep.com.tw
	郵撥帳號：19504465 遠足文化事業股份有限公司
	客服專線：0800-221-029

法律顧問　華洋法律事務所　蘇文生律師
印　　製　凱林彩印股份有限公司
初　　版　2021 年 09 月 29 日
初版四刷　2023 年 10 月 26 日
9789863846048（EPUB）
9789863846031（PDF）
9789863846024（平裝）

有著作權　侵害必究
歡迎團體訂購，另有優惠，請洽業務部
（02）22181417 分機 1124

特別聲明：有關本書的言論內容，不代表本公司／出版集團之立
　　　　　場與意見，文責由作者自行承擔。

國家圖書館出版品預行編目（CIP）資料

愛妻省力便當／貝蒂做便當著 . -- 初版 . -- 新北市：野人文化股份有限公司出版：遠足文化事業股份有限公司發行，2021.10　224 面；17×23 公分
（bon matin；137）　ISBN 978-986-384-602-4（平裝）　1. 食譜

427.17　　　　　　　　　　　　　　　　　　　　　　　　　　　　110015454

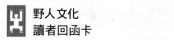
野人文化
讀者回函卡

感謝您購買《愛妻省力便當 》

姓　名	□女　□男　　年齡

地　址

電　話	手機

Email

學　歷	□國中(含以下) □高中職　　□大專　　　□研究所以上
職　業	□生產/製造　□金融/商業　□傳播/廣告　□軍警/公務員
	□教育/文化　□旅遊/運輸　□醫療/保健　□仲介/服務
	□學生　　　□自由/家管　□其他

◆你從何處知道此書？
　□書店　□書訊　□書評　□報紙　□廣播　□電視　□網路
　□廣告DM　□親友介紹　□其他

◆您在哪裡買到本書？
　□誠品書店　□誠品網路書店　□金石堂書店　□金石堂網路書店
　□博客來網路書店　□其他＿＿＿＿＿＿＿＿＿＿＿＿

◆你的閱讀習慣：
　□親子教養　□文學　□翻譯小說　□日文小說　□華文小說　□藝術設計
　□人文社科　□自然科學　□商業理財　□宗教哲學　□心理勵志
　□休閒生活（旅遊、瘦身、美容、園藝等）　□手工藝／DIY　□飲食／食譜
　□健康養生　□兩性　□圖文書／漫畫　□其他

◆你對本書的評價：（請填代號，1. 非常滿意　2. 滿意　3. 尚可　4. 待改進）
　書名＿＿＿封面設計＿＿＿＿版面編排＿＿＿＿印刷＿＿＿＿內容＿＿＿＿
　整體評價＿＿＿＿

◆希望我們為您增加什麼樣的內容：
_____

_____

◆你對本書的建議：
_____

_____

23141
新北市新店區民權路108-2號9樓
野人文化股份有限公司 收

請沿線撕下對折寄回

書名：愛妻省力便當
書號：bon matin 137